극지과학자가 들려주는

판구조론 이야기

그림으로 보는 극지과학 시리즈는 극지과학의 대중화를 위하여 극지연구소에서 기획하였습니다. 극지연구소Korea Polar Research Institute, KOPRI 는 우리나라 유일의 극지 연구 전문기관으로, 극지의 기후와 해양, 지질 환경을 연구하고, 극지의 생태계와 생물자원을 조사하고 있습니다. 또한 남극의 '세종과학기지'와 '장보고과학기지', 북극의 '다산과학기지', 쇄빙연구선 '아라온'을 운영하고 있으며, 극지 관련 국제기구에서 우리나라를 대표하여 활동하고 있습니다.

일러두기

- 인명과 지명은 외래어 표기법을 따랐다. 하지만 일반적으로 쓰이는 경우에는
  원어 대신 많이 사용하는 언어로 표기했다.
- 용어는 책의 내용과 직접 관련 있는 경우에는 본문에서 설명하였고,
  추가 설명이 필요한 용어는 책 뒷부분에 따로 실었다.
- 책과 잡지는《　》, 글과 영화는〈　〉로 구분했다.

그림으로 보는 극지과학 15

극지과학자가 들려주는

판구조론 이야기

차례

1장　지구의 구조와 판구조론의 탄생

2장　판구조론의 작동: 고체 지구의 순환

들어가는 글

'판구조론'은 많은 사람들에게 결코 낯선 용어는 아닐 것이다. 고등학교 지구과학 교과서에 판구조론이 포함되어 있기 때문이다. 지구 외각이 여러 개의 지판들로 구성되어 있으며 수많은 지질 현상들이 지판들의 상호작용으로 인해 발생한다는 간단한 설명을 기억하고 있는 사람도 꽤 많을 것이다. 판구조론은 대형 지진이나 큰 화산 폭발이 일어났을 때 언론 기사에서 '불의 고리'나 '환태평양 조산대' 등의 용어와 함께 언급되기도 한다. 그런데 "대체 판구조론이 뭔가요?" 하고 묻는다면 대부분 말문이 막힐 것이다. 지진과 화산을 일으키는 원인? 어떤 사람들은 대륙이동설을 떠올릴 것이고 어떤 사람들은 히말라야 산맥이 유라시아판과 인도판의 충돌로 인해 생겨났다는 걸 기억해낼 것이다.

판구조론이란 무엇일까? 판구조론은 단지 지진이나 화산활동, 혹은 산맥의 형성을 설명하는 이론인가? 대륙이동설과 판구조론은 어떻게 다른가? 지구의 외각이 지판으로 구성되어 있다고 하는데 대체 지판이란 무엇인가? 지판간의 상호작용은 지진이나 화산활동, 산맥의 형성 외에 지구의 어떤 현상들을 설명할 수 있는 것일까?

사실 판구조론은 물리학의 상대성 이론과 양자역학, 생물학의 진화론과 분자생물학에 대비될 수 있는 지구과학계의 포괄적 이론이다. 판구조론은 지진과 화산활동, 산맥 형성뿐 아니라 현재 지구환경이 어떤 과정을 통해 형성되었고 또 유지되고 있는지, 앞으로 어떻게 진행될 것인지에 대한 기초적인 설명을 해줄 수 있는 이론이기 때문이다. 물론 지구환경이 판구조론 하나로 다 설명될 수 있다는 말은 아니다. 지구환경을 이해하기 위해서는 지질학, 해양과학, 대기과학, 생명과학의 협동 연구가 반드시 필요하다. 그러나 판구조론은 적어도 이 모든 연구에 통합적인 기반을 제공한다.

지구를 생명의 행성이라고 한다. 태양계의 여러 행성들 중 생물이 살고 있는 유일한 행성이기 때문이다. 화성이나 목성의 위성 등에서 생명의 증거를 찾으려는 노력이 계속되고 있기 때문에 생명이 존재하는 유일한 행성이 아닐 가능성도 있지만 적어도 지구와 같이 다양한 생물들이 번성하고 있는 행성은 없다고 봐도 될 것이다. 다양한 생물의 번성은 지구와 다른 행성을 구분하는 중요한 특징인 셈이다.

그 외에 지구를 다른 행성과 구별 짓는 특성에는 또 무엇이 있을까? 여러 가지가 있겠지만 지구의 판구조를 빼놓을 수 없을 것이다. 태양계 내의 어떤 행성도 지구와 같은 판구조를 갖고 있지 않기 때문이다. 판구조론에 따르면, 지구의 표면은 마치 곤충이 탈피를 하듯 계속 새로워지고 있고 지구의 안과 밖은 꾸준히 섞이며 순환하고 있다. 지구의 판구조는 다른 행성들에서는 나타나지 않는 역동적 현상이다. 지구에서 생명이 탄생하고 번성할 수 있게 된 것은 지구의 판구조와 무관하다고 볼 수 없을 것이다.

나에게 판구조론을 한마디로 요약하라고 한다면, 고체 지구의 순환 이론이라고 할 것이다. 많은 사람들에게 대기나 해양의 순환은 익숙할지 몰라도 고체 지구의 순환이라는 말은 낯설지도 모르겠다. 딱딱한 지구가 대체 어떻게 순환을 한다는 것일까? 판구조론에 따르면, 바다 아래 놓인 긴 활화산 산맥인 중앙해령을 통해 지표로 분출된 지구 내부 물질이 기나긴 이동을 거쳐 섭입대라고 불리는 깊은 바다 아래에서 다시 지구 안으로 돌아간다. 이 과정에서 지진과 화산 폭발이 일어나고, 대륙이 이동해 충돌하고 변형되고 성장하며, 해수와 대기의 조성과 순환도 변한다. 지구 내부에서 올라온 물질은 지표 환경에 영향을 주고, 지구 속으로 되돌아간 물질은 지구 내부를 변화시킨다. 판구조론은 이 모든 과정에 대한 과학적 설명을 제시한다.

이 짤막한 책의 목적은 판구조론을 고체 지구의 순환이라는 관점에서 초심자도 이해할 수 있을 만큼 쉽고 간략하게 정리하는 것이다. 1장에서는 일반적으로 알려진 지구의 구조와 달리 판구조론이 왜 역동적 모델인지에 대해 설명한다. 2장에서는 판구조론의 핵심 구성요소들인 중앙해령, 변환단층, 섭입 그리고 맨틀 플룸의 활동을 지판의 생성과 소멸 그리고 귀환이라는 관점에서 정리한다. 3장에서는 판구조 운동이 지구환경에 가져오는 효과 몇 가지를 간략하게 설명한다. 사실 판구조 운동의 효과는 너무나 방대해서 이것을 설명하기 위해서는 여러 권의 책이 필요할 것이다. 이 책에서는 지면의 한계로 지진, 그리고 남북극과 유라시아 환경의 형성에 대해 가볍게 설명하는 데 그치고자 한다. 여기까지가 판구조론에 대한 일반적인 설명이다. 따라서 1~3장을 이 책의 1부로 볼 수 있을 것이다. 판구조론은 매우 복합적인 이론 체계이며 이 책에서 제시한 설명 방법 외에도 얼마든지 다양한 설명이 가능하다. 관심 있는 독자는 이 책에서 제시된 설명을 참고하여 더 전문적인 책들에 대한 독서를 통해 판구조론에 대한 이해를 심화시킬 수 있길 바란다.

판구조론은 실험실과 연구실에서만 만들어진 이론 체계가 아니다. 수많은 현장 탐사, 특히 해양 탐사를 통해 획득된 다양한 데이터들에 기반을 두고 만들어진 것이다. 지구 곳곳에는 아직 탐사되지 않은 곳들이 많으며 이 지역들에 대한 탐사 자료가 획득되고 해석되어갈수록 판구조론은 성장하고 그 기반은 더 단단해질 것이다. 그런 차원에서 4장에서는 극지연구소에서 2011년부터 2021년까지 약 10년간 수행했던 중앙해령 탐사 결과를 주로 다루었다. 2009년 한국 최초 쇄빙연구선인 아라온호가 취항을 시작한 후 극지연구소는 그 전까지 미답으로 남아 있던 남극권 중앙해령에 대한 탐사를 수행해왔으며, 그 결과 중요한 과학적 성과들을 얻을 수 있었다. 이 장에서는 중앙해령에 대한 교과서적 지식이 아닌 현재 진행형 연구들을 맛볼 수 있을 것이다.

지구가 위기 상황이라고들 한다. 기후변화, 환경오염, 자원고갈은 지구의 위기를 상징하는 3대 키워드이다. 특히 극지는 기후변화가 가장 첨예하게 나타나는 장소로 관심이 집중되고 있다. 북극의 해빙이 녹고 있으며, 북극곰은 줄어든 해빙 때문에 위기에 처해 있다고 한다. 남극의 빙붕이 붕괴되고 있어 그 결과 해수면이 상승할 것이며 어떤 도시들은 물에 잠기게 될 것이란 비관적인 전망들이 나오고 있다. 이것은 현 인류가 심각하게 고민하고 대책을 마련해야 할 중대 문제들임에는 분명하다. 그러나 걱정만 한다고 해결될 수 있는 문제는 아니다. 지구와 인간에 대한 과학적 이해에 바탕을 둔 대안을 찾아야 한다. 필자는 이런 시대일수록 지구에 대한 근본적인 이해가 절실하다고 생각한다.

1장

지구의 구조와
판구조론의 탄생

판구조론은 지각의 기원과 진화는 물론 지구환경을 이해하는 데 필수적이다. 생물에서 진화론이나 DNA 이중나선 구조만큼 지구와 생물의 진화 이해에 핵심적이고도 포괄적인 이론이다. 이러한 판구조론은 복잡한 구조를 갖고 있기 때문에 다양한 관점에서 설명이 가능하지만 이 책에서는 고체 지구의 순환 이론이라는 관점으로 판구조론을 요약하고자 한다.

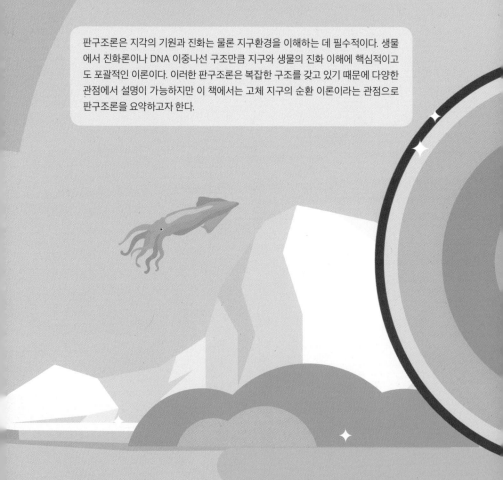

1. 지구의 구조: 지각-맨틀-핵

판구조론은 지구에서 일어나는 다양한 현상을 설명하는 포괄적인 이론 체계로 알려져 있다. 판구조론이라는 명칭을 보면 지구의 구조를 체계에 포함하고 있다는 것을 쉽게 추측해볼 수 있을 것이다. 그런데 '지구의 구조' 하면 대부분 지각-맨틀-핵의 삼중 구조를 연상할 텐데 판구조의 '구조'와 지각-맨틀-핵의 '삼중 구조'는 대체 어떤 관계인 것일까? 서로 같은 것일까, 다른 것일까? 답을 말하면 판구조와 지각-맨틀-핵의 삼중 구조는 서로 다른 관점에서 바라본 지구의 구조이다. 간단하게 말해 판구조는 물리적 관점의 구조이고, 지각-핵-맨틀은 화학적 관점의 구조이다. 이 두 구조는 서로 밀접하게 관련되어 있으며, 판구조를 이해하기 위해서는 먼저 지구의 삼중 구조에 대해 알고 있어야 한다.

지구의 삼중 구조는 20세기 초 지진파 탐사를 통해 밝혀졌다. 지진파

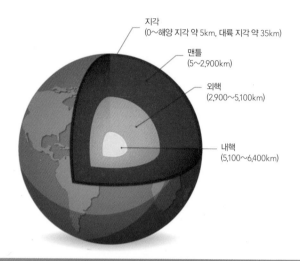

지각
(0~해양 지각 약 5km, 대륙 지각 약 35km)

맨틀
(5~2,900km)

외핵
(2,900~5,100km)

내핵
(5,100~6,400km)

그림 1-1

지구의 구조. 지구는 지각, 맨틀, 핵의 삼중 구조를 갖고 있으며, 이는 지진파 연구를 통해 밝혀졌다.

가 전파되는 속도는 통과하는 물질(매질)의 종류에 따라 다르기 때문에 지진파가 전파되는 속도 분포 연구를 통해 지구의 내부 구조를 파악할 수 있다.

지각과 맨틀의 경계는 1909년 크로아티아의 지진학자 모호로비치치 Andrija Mohorovičić(1857~1936)의 연구를 통해 밝혀졌는데, 특정 깊이(모호로비치치의 연구에서는 54km)에서 지진파의 속도가 증가한다는 것이 확인되었기 때문이다. 1914년 독일의 베노 구텐베르크 Beno Gutenberg(1889~1960)는 지구 내부의 2,900km 깊이부터 액체로 된 부분이 있다는 사실을 발

그림 1-2

안드리야 모호로비치치, 베노 구텐베르크, 잉에 레만

견함으로써 핵의 존재를 증명했다(그림 1-1).

구텐베르크는 지구 내부에 액체로 된 부분이 있다는 사실을 지진파로 어떻게 확인할 수 있었던 것일까? 지진파는 한 가지가 아닌 여러 방식으로 전파되는데 어떤 지진파는 고체와 액체 모두를 통과할 수 있는 반면 어떤 지진파는 고체만 통과할 수 있고 액체는 통과할 수 없다. 따라서 액체를 통과하지 못하는 지진파가 검출되지 않으면 액체가 존재함을 확인할 수 있다. 지진파 탐사에서 가장 많이 활용되는 것이 전파 속도가 가장 빠른 P파Primary Wave와 두 번째로 빠른 S파Secondary Wave이다. P파는 지진파의 진행 방향과 진동 방향이 평행한 소밀파이기 때문에 액체에서도 전파되는 반면, S파는 지진파의 진행 방향과 진동 방향이 수직인 횡파이기 때문에 액체를 통과하지 못한다. 구텐베르크는 지구 내부에 S파가 전파되지 못하는 구간이 있다는 사실을 확인했던 것이다.

결국 지각 아래부터 2,900km 핵의 위까지 대체로 유사한 특징을 갖는 층이 존재하는 셈인데, 이 부분이 바로 맨틀이다. 발견자의 이름을 따서 지각과 맨틀의 경계는 모호로비치치 불연속면, 맨틀과 핵의 경계는 구텐베르크 불연속면이라고 부른다.

한편 덴마크의 지구물리학자 잉에 레만Inge Lehmann(1888~1993)은 1936년 지진파 속도 분포 해석을 통해 깊이 5,100km부터 지구의 중심까지는 고체 상태라는 사실을 확인함으로써 핵도 2개의 층으로 나뉘어 있음을 발견했다. 액체로 된 핵의 바깥 부분을 외핵, 고체로 된 안쪽 부분을 내핵이라고 하는데, 외핵과 내핵의 경계는 발견자의 이름을 따 레만 불연속면으로 불리고 있다.

지각은 화강암과 현무암, 맨틀은 감람암으로 구성

이와 같이 지진파 연구로 밝혀진 지구의 3개 층들은 각각 어떤 물질들로 구성되어 있을까? 지각의 경우 대륙과 바닷물 아래 지각을 구성하는 물질이 각각 다르다. 대륙의 경우 최상층은 대부분 토양, 식물, 모래로 덮여 있지만, 조금만 깊이 들어가 보면 대체로 '기반암'으로 불리는 단단한 암석층이 나타난다. 대륙을 구성하는 기반암은 매우 다양하지만 화강암에 가까운 암석이 가장 많다. 대륙을 구성하는 물질의 평균적인 특성은 화강암과 유사하다고 해도 크게 틀리지 않을 것이다.

a. 흑운모 화강암

b. 섬록암(대륙 지각을 구성하는 암석의 일종)

c. 유리질 현무암

맨틀에서 막 녹아 나온 석영 유리질 현무암. 해령 중심 축에 분포

d. 결정질 현무암

e. 스피넬 감람암

f. 석류석 감람암

그림 1-3

지각과 맨틀을 구성하는 암석

대륙 지각에 비해 바다 아래 지각은 직접적으로 볼 수 없기 때문에 상상하기 어렵다. 일단 바다 아래 지각의 최상층은 강물과 대기, 그리고 생물의 사체에서 기원한 퇴적물로 주로 구성되어 있다. 퇴적물을 뚫고 들어가면 딱딱한 암석층이 나타나는데 이 암석층은 대륙을 구성하는 화강암과는 확연히 구분되는 현무암질임이 밝혀져 있다. 현무암은 제주도 현무암을 연상하면 이해가 쉬울 것이다. 대륙 지각을 구성하는 암석과 해양 지각을 구성하는 암석이 서로 다른 것은 기원이 다르기 때문이다.

맨틀을 구성하는 물질은 무엇일까? 맨틀을 직접 볼 수 없기 때문에 어떤 물질로 구성되어 있는지를 상상하기란 매우 어렵다. 다양한 연구 결과 적어도 맨틀 상부를 구성하는 대표적인 암석은 감람암으로 밝혀져 있다. 감람암의 감람은 올리브 열매에서 그 명칭이 유래했다. 감람암의 70%를 구성하는 광물인 감람석Olivine은 형태가 동글동글하고 색깔은 녹색이라 올리브 열매와 매우 유사하기 때문이다. 핵에 상대적으로 더 가까운 부분, 맨틀 하부가 어떤 암석으로 되어 있는지에 대해서는 아직 논란이 많지만 대체로 감람암과 화학 조성은 비슷하되 물리적 특성은 다른 암석일 것으로 추정하고 있다.

우리가 경험하는 지구의 표면이 지각에 해당하는데 사실 지각은 지구 전체에서 차지하는 비중이 1% 미만으로 그 비중이 매우 낮다. 맨틀은 부피로 보면 지구의 84%, 질량으로 계산하면 60%를 차지하고 있어 그 비중이 가장 높다. 핵은 부피로는 약 15% 정도인데 질량으로 따지면 약 39%를 차지한다. 단순한 숫자들로만 봐도 맨틀에 비해 핵이 훨씬 무거운 물질로 구성되어 있음을 알 수 있을 것이다. 실제로 외핵은 대부분의 철과 약간의 니켈로 구성된 액체 금속이다. 지각은 맨틀보다 평균 질량이 낮기 때문에 지각→맨틀→핵으로 갈수록 질량이 커진다는 사실을 확인할 수 있다. 지구 내부로 갈수록 밀도가 커진다는 것은 지구의 삼중 구조가 안정적임을 의미한다. 바깥에 더 무거운 것이 있다면 지구는 붕괴될지도 모른다.

우리는 지구의 가장 바깥 부분만을 직접적으로 경험할 수 있을 뿐이다. 우리는 대부분 육지 위에서 살며 공기를 호흡하고 바다의 영향을 받는다. 그런데 지구 깊은 곳에 있는 맨틀과 핵은 대체 우리 삶에 어떤 영향을 미치고 있는 것일까? 지각-맨틀-핵의 구조가 보여주는 지구의 모습은 기본적으로 정적이다. 그러면 표면에서 경험하는 지각, 바다, 대기 모두가 맨틀이나 핵과 무관한 것일까? 실제 지구의 안에서는 우리가 보고 경험할 수 있는 것보다 훨씬 더 많은 일들이 일어나고 있으며, 이런 일들은 우리가 살고 있는 바깥 환경과도 밀접하게 연결되어 있다. 이 책에서 논하고자 하는 '판구조'는 지구가 정적이 아니라 역동적으로 순환하고 있음을 보여주는 구조이다. 판구조론은 지구의 안과 밖의 상호작용에 대한 이론이다. 지구에 대한 역동적 모델인 판구조론은 대륙이동설로부터 잉태되기 시작했다.

2. 대륙이동설: 판구조론의 태동

판구조론의 선구적인 가설인 대륙이동설의 주창자로는 독일의 알프레드 베게너Alfred Wegener(1880~1930)를 첫손에 꼽는다. 대륙이 이동했을 것이라 상상한 사람은 그 이전에도 있었으나 베게너가 최초로 다양한 증거를 바탕으로 체계적인 대륙이동설을 주장했기 때문이다. 베게너는 본

그림 1-4

알프레드 베게너

래 기상학자였으나 대륙이동설 덕분에 기상학이 아닌 지질학계에 이름을 남기게 된다. 그는 어느 날 대서양을 사이에 두고 유럽과 아프리카를 잇는 서쪽 해안선과 북미와 남미를 잇는 동쪽 해안선의 모양이 비슷한 것을 발견했다. 여기서 영감을 얻은 그는 혹시 이 대륙들이 원래 하나였다가 갈라진 것이 아닐까 하는 과감한 추리를 하게 된다. 대륙이 쪼개지고 이동하여 바다가 형성되는 엄청난 상상을 했던 것이다.

대륙은 한때 하나였다

그는 이 가설을 과학적으로 검증하기 위한 연구에 착수하는데, 대서

극지과학자가 들려주는 판구조론 이야기

양 양쪽으로 과거 화석군이 유사하고 지질 구조에도 연속성이 있다는 지질학계의 연구 결과들을 다수 발견하게 된다. 19세기 영국은 지질학 연구가 무척 활발해서 지질학회의 크기가 물리학회나 화학회 등 다른 학회를 모두 합친 것보다 컸다고 한다. 유럽과 미국의 지질학계에서는 이미 전 세계적인 화석 분포와 지질 구조에 대한 광범위한 지식을 확보하고 있던 것이다. 멀리 떨어진 대륙들 사이에서 지질학적 유사성이 나타나는 원인이 무엇인지는 그 당시 지질학계의 큰 수수께끼 중 하나였다. 예를 들어 찰스 다윈Charles Darwin(1809~1882)은 그의 자서전에서 머나먼 대륙간의 화석군과 지질 구조 유사성은 커다란 미스터리라고 기술하고 있다. 그러나 당시의 지질학자들은 이 수수께끼를 풀어낼 수 없었다. 대륙들이 지금은 사라져버린 섬들이나 육교 같은 것들로 연결되어 있어서 생물들이 이를 통해 이동했을 것이라는 막연한 상상을 할 뿐이었다.

당시 지구과학자들이 육교설 등을 상상할 수 있었던 것은 대부분 지구수축설을 믿고 있었기 때문이다. 지구수축설이란 지구가 형성될 당시에는 고온의 액체였다가 점차 식어서 현재와 같은 상태가 되었다는 가설이다. 용암이 굳어지는 모습을 보면 식어가면서 크기가 줄어들어 여기저기가 갈라져 거친 표면이 만들어지는 것을 관찰할 수 있다. 지구수축설에 따르면, 높이 솟은 산이나 움푹 들어간 바다 등은 지구가 식고 수축하면서 만들어진 균열이다. 균열 과정이 진행되면서 산과 바다가 생기기도 하고 소멸하기도 한다는 것이다.

이 가설은 지구의 연령 측정에도 이용되었다. 지구가 본래 굉장히 뜨거웠다가 다른 열원으로부터의 열 공급 없이 점차로 식어 현재 온도가 됐다는 것이다. 영국의 물리학자 켈빈 경W. Thomson, 1st Baron Kelvin(1824~1907)은 지구가 액체였다가 현재 온도까지 식는 데 걸리는 시간을 계산하여 지구의 나이는 많아야 4억 년이라고 주장했다(나중에는 지구의 연령을 수천만 년으로 더 젊게 잡음). 켈빈과 동시대 인물이었던 다윈은 생명체가 현재와 같은 다양한 상태로 진화하는 데 적어도 30억 년은 필요하다고 생각했는데 당대의 저명한 물리학자가 지구의 나이를 매우 짧게 잡자 크게 실망했다고 한다. 그러나 지구수축설과 육교설은 사실 많은 난점을 갖고 있었다. 예를 들어 바다에 가라앉았다는 육교는 지금 바다 밑 어디에 있다는 것일까?

지구수축설에서 대륙이동설로의 전환

베게너가 제시한 대륙이동설은 천동설을 지동설로 바꾼 코페르니쿠스적 전환에 비유할 수 있다. 지구와 행성이 태양을 중심으로 돈다고 하면 태양과 행성들의 운동이 더 간단하게 설명되듯, 대륙이 원래 붙어 있다가 균열하여 이동해 현재같이 분포하게 됐다면 대륙간 지질구조와 화석의 연속성이 간단히 설명되기 때문이다. 그러나 코페르니쿠스Nicolaus Copernicus(1473~1543)가 지구와 뭇 행성들이 태양의 주위를 도는 물리적 이유를 밝혀내지 못했듯이 베게너도 대륙이 갈라지고 이동하는 원인을

끝내 밝혀내지 못했다. 지동설이 이론적으로 자리잡기 위해서는 갈릴레이Galileo Galilei(1564~1642)와 뉴턴Isaac Newton(1642~1727)을 기다려야 했듯이 대륙이동설도 과학적으로 단단한 지반 위에 서기 위해서는 후대의 과학자들을 기다려야 했던 것이다. 갈릴레이와 뉴턴이 지동설의 물리적 기초를 다지기 위해 결국 일반적인 역학 법칙으로 나아갔듯 대륙의 이동을 설명하기 위해서는 포괄적인 지구과학 이론이 필요했다.

물론 베게너도 대륙 이동을 일으킨 힘을 설명하고자 많은 노력을 했다. 그러나 그가 제시했던 대륙을 '움직이는 힘'은 모두 약했다. 예를 들어 베게너는 대륙을 이동시키는 힘은 지구의 자전에서 비롯된 관성력일 것이라고 주장했다. 그러나 이 힘은 대륙이라는 어마어마하게 큰 돌덩이가 역시 딱딱한 돌덩어리인 맨틀 위를 움직이도록 하는 데 턱없이 부족했다. 이 힘은 대기나 해수의 운동에 큰 영향을 주기엔 충분하지만 대륙을 움직이기엔 모기가 집채를 움직이는 것에 비유할 수 있을 정도로 약하다. 대륙이동설을 입증하기 위해 베게너는 수많은 노력을 했지만 학계를 설득하기에는 역부족이었다. 그는 기상 연구를 위해 그린란드에 갔다가 1930년 사고로 사망하고 만다. 베게너의 대륙이동설은 황당한 가설의 하나로 역사 속에 묻혀버릴 것 같았다.

대륙을 이동시키는 힘은 맨틀의 대류

대륙이동설의 돌파구를 마련한 것은 영국의 지질학자 아더 홈즈

Arthur Holmes(1890~1965)였다. 홈즈의 업적은 두 가지로 요약되는데, 첫째는 방사성 동위원소 연대 측정법을 수립한 것이고, 둘째는 맨틀대류설을 최초로 제시한 것이다. 방사성 동위원소 연대 측정법은 이전까지 상대적으로만 파악할 수 있었던 지질시대의 절대연령을 알 수 있게 했다. 홈즈는 맨틀에 분포하는 방사성 동위원소가 핵분열을 일으키면서 방출하는 에너지가 맨틀을 대류할 수 있게 한다는 가설을 제시한다. 대류라는 것은 온도 차에 의해 발생하는 물질의 흐름이다. 예를 들어 냄비에 물을 채우고 가열하면 불에 가까운 아래쪽 물이 먼저 뜨거워져 상승하다가 표면에 다다르면 옆으로 퍼진다. 반면 불에서 가장 먼 쪽에 있는 냄비 위쪽 가장자리 물들은 가라앉아서 불에 접근한다. 이런 과정을 통해 물이 냄비를 순환하면서 골고루 가열되는 것이다. 홈즈는 대류 가운데서 맨틀이 상승하여 양옆으로 퍼지는데 이 과정에서 대류이 갈라져 맨틀과 함께 이동할 수 있다고 주장했다. 베게너는 대류이 맨틀 위를 미끄러지듯 이동하는 모습을 상상했지만 홈즈는 움직이는 것은 맨틀이고 대류은 그

그림 1-5

아더 홈즈

극지과학자가 들려주는 판구조론 이야기

위에 붙어서 수동적으로 움직일 뿐이라는 새로운 모델을 제시한 것이다. 맨틀은 고체 상태지만 고온, 고압에서는 마치 액체와도 같이 흐를 수 있다는 것이 맨틀대류설의 중요한 근거였다.

홈즈의 학설들은 앞서 말한 지구수축설에 대한 반박이었고, 지구가 초기에 가졌던 열에너지와 태양열 외에 다른 열원을 가정하지 않았던 켈빈 경의 지구 연령 계산법에 대한 반박이었다. 홈즈가 제시한 맨틀대류설은 대륙이동설의 난점을 극복하고 판구조론으로 나아갈 수 있는 돌파구를 마련했다. 홈즈는 단순히 식어가는 지구가 아닌 자체 열원을 가지고 활발하게 움직이는 역동적 지구 모델을 제시한 것이다. 베게너를 코페르니쿠스에 비견할 수 있다면, 홈즈는 갈릴레이에 비견할 수 있을 것 같다. 홈즈의 학설은 갈릴레이가 관성이라는 개념을 정립함으로써 지동설의 돌파구를 마련한 것과 유사한 면이 있기 때문이다. 그런데 갈릴레이와 뉴턴 사이에 큰 단절이 있듯 베게너-홈즈의 대륙이동설과 현대의 판구조론 사이에도 큰 단절이 있다. 홈즈의 맨틀대류설은 이론이라고 부르기에는 아직 기초가 너무나 허약했기 때문이다. 지구의 역동적 모델이 확립되기 위해서는 보다 많은 탐사와 이론적 연구가 필요했다.

3. 맨틀 대류: 고체 지구의 순환

맨틀은 고체이지만 끊임없이 움직이고 있다. 지구 내부 에너지의 흐름에 따른 맨틀의 움직임을 맨틀 대류라고 한다. 맨틀은 대체 어떤 상태이며 왜 움직이는 것일까? 맨틀은 감람암이라는 암석으로 주로 구성되어있는데, 일단 맨틀의 특성은 감람암이 갖고 있는 특성과 유사하다고 보면 된다. 감람암은 지표에서 흔히 볼 수 있는 화강암이나 현무암과는 매우 다른 암석이다. 감람암은 초록색으로 대체로 하얀색인 화강암이나 검은색인 현무암과 색깔부터 다르다. 그리고 감람암의 비중Specific Gravity은 화강암이나 현무암에 비해 매우 크다. 같은 크기의 화강암이나 현무암에 비해 감람암이 훨씬 무겁다는 말이다. 지각-맨틀 구조는 암석학적으로 볼 때 비중이 큰 감람암 위에 상대적으로 가벼운 화강암과 현무암이 놓여 있는 것이다. 이 감람암은 지각 아래부터 일정한 깊이까지는 딱딱하지만 더 깊이 들어가면 단순히 딱딱하다고만 말할 수 없는 상태가된다. 이런 표현을 사용하는 것은 맨틀이 일정 깊이에 다다르면 그 아래부터는 마치 진흙과도 같이 흐를 수 있는 상태에 놓이게 되기 때문이다.

그렇다면 맨틀이 특정 깊이부터는 액체 상태로 있다는 것인가? 앞에서 지구 내부에서 오직 외핵만이 액체 상태이고, 맨틀은 고체-액체-기체의 분류법에 따르면 깊이에 관계없이 모두 고체 상태라고 하지 않았던가? 하지만 맨틀은 특정 깊이부터는 매우 높은 온도와 압력 때문에 고체이기는 하지만 흐를 수 있는 상태로 변한다. 고체이지만 흐를 수 있는 상태라는 말이 마치 '둥그란 사각형'과 같은 형용 모순이라고 느껴지는 분들도 있을 것 같다. 그러나 이런 형용 모순적 대상은 우리 일상에도 존재한다. 예를 들어 유리는 고체일까, 액체일까? 아마 다수는 고체라고 답할 것이다. 그러나 유리는 엄밀히 말하면 액체의 성질도 갖고 있다. 현대물리학에서 고체와 액체를 나누는 기준은 구성 원자가 규칙성을 갖고 배열되어 있느냐의 여부이다. 고체는 원자가 규칙적으로 배열되어 있는 상태를, 액체는 원자의 배열에 규칙성이 없는 상태를 각각 지칭한다. 이 관점에서 본다면 원자가 규칙적으로 배열되어 있지 않은 유리는 액체에 해당한다고 볼 수 있다. 일상 경험 세계에서 유리는 흐르지 않는 액체인 것이다. 유리가 액체냐 고체냐는 큰 논쟁거리이긴 하지만 이 논쟁이 말해주는 것은 고체와 액체의 경계가 생각보다 명확하지는 않다는 사실이다. 유리가 액체인가 고체인가라는 질문에 대해 유리는 비정질 고체라는 절충안을 받아들이는 사람들도 다수 존재한다.

고체이지만 흐를 수 있는 맨틀, 연약권

맨틀 외각의 흐르지 못하는 딱딱한 부분과 그 위에 놓인 지각을 통칭하여 암권Lithosphere이라고 한다. 지각은 매우 얇기 때문에 암권의 대부분은 맨틀이라고 봐도 무방하다. 암권 아래 있는 흐를 수 있는 맨틀은 연약권Asthenosphere이라고 한다. 암권-연약권 분류에 따르면 지구의 외부는 암권이 연약권 위에 떠 있는 형상이 된다. 핵을 제외한 지구의 외각을

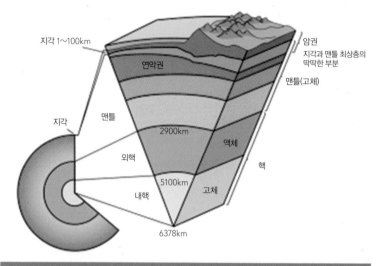

지각 1~100km

연약권

암권
지각과 맨틀 최상층의
딱딱한 부분

맨틀(고체)

지각

맨틀

2900km

액체

외핵

핵

5100km

내핵

고체

6378km

그림 1-6

암권(암석권)과 연약권의 분포

지각-맨틀의 관점이 아닌 암권-연약권의 관점으로 볼 수도 있는 것이다. 암권-연약권의 구조가 바로 판'구조'론에서의 '구조' 중 일부인 것인데, 앞으로 더 자세히 설명하겠지만 지구에서 발생하는 다양한 현상을 이해하기 위해서는 이 관점이 매우 유용하다(그림 1-6).

연약권 맨틀은 원자가 규칙적으로 배열되어 있는 광물들로 구성되어 있어 당연히 고체로 분류되어야 하지만 상식적으로 알고 있는 고체와는 달리 흐른다는 특성을 갖고 있다. 여기서 고려해야 할 것은 시간이다. 경험상 고체 같지만 원자 레벨에서는 액체에 가까운 유리도 장기적으로는 흐른다. 너무 느리게 흐르기 때문에 일상에서는 감지할 수 없을 뿐이다. 연약권 맨틀도 흐르기는 하지만 매우 느리게 흐른다. 그 속도는 일상에서 거의 감지할 수 없을 정도로 느리긴 하지만 지구에서 나타나는 변화를 일으키고 인간이 장기적으로 그 변화를 인지할 수 있을 만큼은 빠르다. 그렇다면 흐르는 속도는 구체적으로 어느 정도일까? 과거 빙하기때는 대류의 많은 부분이 빙하로 덮여 있었기 때문에 대류의 상대적 질량이 커져서 대류 지각을 포함한 암권이 그 무게에 눌려 연약권 속으로더 깊이 침강해 있었다. 그런데 빙하기가 풀리고 얼음이 녹으면서 대류이 점차 가벼워져 암권이 조금씩 다시 떠오르게 된다. 실제로 빙하기 기간 동안 대부분 얼음으로 덮여 있던 북유럽이나 캐나다는 조금씩 상승하고 있고, 고도 측정을 통해 연간 어느 정도 상승하고 있는지 계산할 수있다. 이 방법을 통해 맨틀의 점성을 가늠해볼 수 있다. 그리고 판의 이동 속도나 화산활동 등을 종합적으로 고려해 맨틀의 이동 속도를 추정해볼 수 있는데 지역적으로 편차를 보이지만 연간 1~20cm의 속도로움직이며 평균적으로는 약 연간 5cm 정도 움직인다고 보면 된다고 한다. 하와이 같이 화산활동이 빠른 곳은 연간 약 50cm의 속도로 움직이기도 한다(Plates, Plumes, And Paradigms (2005), edited by Gillian R. Foulger, James H. Natland, Dean C. Presnall, and Don L. Anderson). 이속도를 단지 느리다고만 할 수 있을까?

연약권이 조각나 있는 암권을 떠받치고 있는 구조

판구조론에 따르면, 지구의 최외각은 일정 두께의 딱딱한 암권으로 둘러싸여 있고 이 암권을 연약권이 떠받치고 있다. 암권이 이음새 하나 없이 말끔하게 연결되어 있다면 암권-연약권 구조도 역시 안정적일 것이다. 그러나 암권은 여러 개로 조각나 있는데, 암권의 조각들 하나하나를 판구조론에서는 '지판plate'이라고 부른다. 판구조는 바로 암권-연약권의 수직적 구조, 여러 개로 조각나 있는 암권의 구조를 통칭하는 용어이다. 예를 들어 지진은 바로 암권의 조각, 즉 지판이 상호작용하면서 나타나는 흔들림이다. 지구가 만약 당구공같이 바깥쪽, 안쪽 할 것 없이 모두 딱딱하기만 하다면 지진이 일어날 수 있을까? 그렇다면 아마 급격한 지진은 일어나지 않을 것이다. 지진이 일어나기 위해서는 힘이 작용할 여지도, 변형될 수 있는 여지도 있어야 하기 때문이다. 지판들이 움직이고 경계에서 상호작용을 함으로써 지진과 화산을 포함한 다양한 지질 현상이 일어난다는 이론이 판구조론Plate Tectonics에 대한 아주 간단한 요약이다.

더 나아가 판구조론을 추상적인 차원에서 요약한다면 맨틀의 움직임과 이 움직임이 초래하는 다양한 현상들에 대한 이론적 설명이라고 볼 수도 있다. 판구조론의 핵심은 결국 맨틀의 순환이다. 우리는 대체로 우리를 둘러싼 환경 중 기체나 액체로 된 부분의 순환에 익숙하다. 예를 들어 대기의 순환, 해수의 순환 등은 쉽게 상상할 수 있다. 이에 반해 고체

극지과학자가 들려주는 판구조론 이야기

지구의 순환을 상상하는 것은 어려울지도 모른다. 그러나 판구조론에 따르면 고체 지구 역시 순환한다. 더 나아가 대기의 순환, 해수의 순환, 그리고 고체 지구의 순환은 서로 밀접하게 얽혀 있다(그림 1-7). 이 얽혀서 돌아가는 순환을 총체적으로 이해해야 지구의 이해에 한층 더 근접할 수 있다.

맨틀 대류의 상승과 하강으로 고체 지구가 순환

고체 지구의 순환은 기본적으로 맨틀 대류인데, 맨틀 대류는 맨틀의 상승과 하강으로 간단히 요약할 수 있다. 맨틀이 하부에서 대규모로 상승하는 현상을 맨틀 플룸이라고 하고, 맨틀이 하강하는 현상을 섭입이라고 한다. 섭입하는 힘에 의해 판이 벌어지면서 맨틀의 수동적 상승이 대규모로 발생한다. 여기서 언급하고 넘어가야 할 중요한 포인트는 맨틀의 상승과 하강이 비대칭적이라는 사실이다. 섭입은 일정한 범위의 각도를 갖고 진행되는 데 반해 섭입에 의해 수동적으로 발생하는 맨틀의 상승은 대체로 수직 방향이다. 하부 맨틀에서의 대규모 상승도 섭입과 대칭되는 곳에서 일어나지 않는다. 즉 맨틀의 대류는 냄비 속에서 물이 순환하는 현상에 단순히 비유될 수가 없다.

맨틀의 상승은 주변과의 밀도 차에 의한 양성 부력 때문에 일어나고, 맨틀의 하강은 중력(음성 부력) 때문에 일어난다. 맨틀 대류는 지구 내부 에너지가 불균질하게 분포하고 있기 때문에 그 불균질성을 해소하기 위

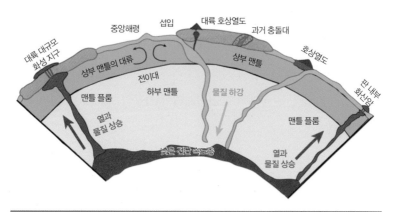

중앙해령　　섭입　　대륙 호상열도

대륙 대규모　　　　　　　　　　　　　과거 충돌대
화성 지구
　　　　　상부 맨틀의 대류　　　　　　상부 맨틀　　　　　　호상열도

맨틀 플룸　전이대　　　　　　　　　　　　　　　　　　판 내부
　　　　　하부 맨틀　　물질 하강　　　　　　　　　화산암

열과
물질 상승　　　　　　　　　　　　　　맨틀 플룸

낮은 전단 속도층　　　　　열과
　　　　　　　　　　　　　물질 상승

그림 1-7

고체 지구의 순환 개념도. 지표 물질은 섭입을 통해 지구 내부로 들어가고, 지구 내부 물질은 중앙 해령에서의 상승과 맨틀 플룸을 통해 지표를 향해 올라온다.

해 발생하는 것으로, 구체적으로는 중력(음성 부력)과 양성 부력에 의한 흐름의 형태를 띤다. 기후를 결정하는 대류의 위치 분포나 화산활동이 전 지구적 맨틀 대류와 밀접하게 관련되어 있다. 따라서 판구조론, 그리고 맨틀 연구는 지각의 기원과 진화는 물론 지구환경을 이해하는 데 필수적이다. 맨틀에 대한 연구는 지구의 현재, 과거, 미래를 이해하는 데 있어서 중요한 열쇠를 쥐고 있는 것이다.

　판구조론은 생물에서 진화론이나 DNA 이중나선 구조만큼 지구와 생물의 진화 이해에 핵심적이고도 포괄적인 이론이다. 판구조론의 기초를 해명하는 결정적 논문들은 1960년대에 주로 발표되다가 1970년대

에 이르러야 지구 과학의 공식 이론이 되었다. 왓슨James D. Watson(1928~)
과 크릭Francis Crick(1916~)이 DNA 이중나선 구조에 대한 논문을 《네이처》
에 발표한 것이 1953년이었음을 감안해보면, 판구조론은 최근에 정립
된 이론인 셈이다. 물리학이 뉴턴이라는 단일 영웅으로 인해 전과 후가
나뉘고, 생물학도 찰스 다윈의 진화론이나 왓슨과 크릭의 연구 결과 발
표를 중심으로 전후가 갈리지만, 판구조론의 정립에 한두 사람의 이름
을 거론할 수는 없다. 판구조론은 미국과 영국이 중심이 된 다양한 과학
자들의 참여와 기여를 통해 그 기초가 확립되었기 때문이다.

2장

판구조론의 작동: 고체 지구의 순환

중앙해령에서 형성되어 아주 젊고, 얇고, 뜨거웠던 지판은 점차로 이동하면서 나이를 먹고, 식어가고, 두꺼워지다가 결국 연약권이 그 무게를 감당할 수 없게 되면 다시 해구를 통해 지구 속으로 침강한다. 지구 속으로 침강하던 지판은 주변 맨틀의 조성을 변화시키고 일부는 핵과의 경계까지 내려가기도 한다. 오래전에 섭입되었던 지판은 맨틀이 상승하는 곳에서 다시 해령이나 판 내부 화산활동을 통해 지표로 올라온다. 이상이 지판의 이동과 생성, 소멸에 의한 고체 지구의 순환 과정이다.

판구조론의 핵심 구성요소인 지판에 대해 좀 더 구체적으로 살펴보도록 하자. 지판이란 말에서 일정한 두께를 갖고 있는 송판 같은 것이 연상될 것이다. 그러나 지판은 거대한 송판 같은 것과는 매우 다르다. 지판은 생성과 소멸의 사이클을 갖고 있고, 생성되는 곳에서는 얇고, 소멸되는 곳에서는 두껍기 때문이다. 지판이 생성되는 곳과 소멸되는 곳들이 바로 지판들의 경계에 해당한다. 생성과 소멸의 경계 외에도 지판과 지판이 서로 스쳐 지나가는 경계도 있다. 지구과학에서는 지판들이 생성되는 경계를 중앙해령, 지판이 소멸되는 경계를 섭입대, 지판이 스쳐 지나가는 경계를 변환단층이라 부른다(그림 2-1).

판구조론에서는 수직 구조보다는 수평 구조에 대한 이론이 중심을 이루고 있다. 지구의 외부가 여러 개의 딱딱한 지판으로 나뉘어 있고 지판들이 상호작용함으로써 다양한 현상들이 발생하고 있다는 이론이기

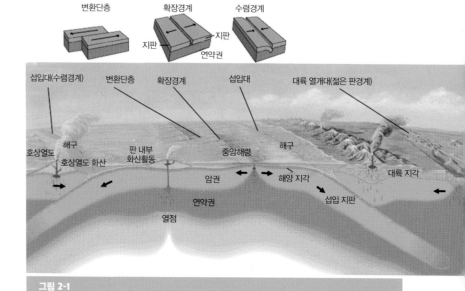

변환단층　　　　확장경계　　　수렴경계

지판

연약권

섭입대(수렴경계)　　변환단층　　확장경계　　　　섭입대　　　　　대륙 열개대(젊은 판경계)

호상열도　해구　　　판 내부　　　　　중앙해령　　　해구
　　호상열도 화산　화산활동　　　　　　　　　　　　　　　　　　　대륙 지각
　　　　　　　　　　　　　　　암권　　해양 지각
　　　　　　　　　　　연약권　　　　　　　　　　섭입 지판
　　　　　　　열점

그림 2-1

판구조론 개념도: 지판은 중앙해령에서 형성되어 이동하다가 섭입대에서 소멸한다. 해령은 지판이 발산하는 경계, 섭입대는 수렴하는 경계, 변환단층은 스쳐가는 지판과의 경계이다. 해령에서는 화산활동을 통해 해양 지각이 형성되고 섭입대에서도 화산활동이 일어난다. 경계가 아닌 판 내부에서도 열점에 기인한 화산활동이 있다. 변환단층에서는 화산활동은 드물며 주로 지진이 발생한다.

때문이다. 지판들은 생성하고 소멸할 뿐 아니라 상호작용하기도 한다. 이 모든 것들이 지구환경의 기본 조건을 형성하고 있다.

중앙해령에서 지판이 형성되어 이동해가는 과정을 적절하게 비유할 만한 대상을 찾기는 어렵지만 아쉬운 대로 기계에서 가래떡이 뽑아져 나오는 과정을 연상해보도록 하자. 가래떡이 뽑아져 나오는 과정을 보면 먼저 나온 부분이 이동하면서 새로운 떡들이 연속적으로 뒤따라 나오는 걸 관찰할 수 있다. 이와 유사하게 지판도 중앙해령으로부터 뽑아져 나오는데 먼저 뽑아져 나온 지판일수록 나이가 많으며, 그 후에 나온 것들일수록 나이가 젊다. 다시 말해 중앙해령에서 멀수록 더 오래전에 형성된 지판인 셈이다. 그런데 중앙해령에서의 지판 형성이 가래떡이 뽑아져 나오는 과정과 다른 점은 중앙해령에서 형성된 지판은 연령이 증가함에 따라 두꺼워진다는 점이다. 지판이 너무 두꺼워져 그 아래 연약권이 받치고 있는 부력이 지탱할 수 없는 상태에 이르면, 즉 연약권이 지판을 받치는 부력보다 지판의 중력이 커지는 상황이 되면 지판은 연약권 속으로 서서히 가라앉으면서 파고들게 되는데, 이 과정을 바로 섭입이라고 하고 섭입이 일어나는 지역을 섭입대라고 부른다. 섭입대에 해당하는 지역이 바로 깊은 바다인 해구이다. 해구가 깊어진 것은 이 지역에서 지판이 연약권 속으로 파고들어 가고 있기 때문이다.

중앙해령에서 형성되어 아주 젊고, 얇고, 뜨거웠던 지판은 점차로 이동하면서 나이를 먹고, 식어가고, 두꺼워지다가 결국 연약권이 그 무게를 감당할 수 없게 되면 다시 해구를 통해 지구 속으로 침강하면서 소멸한다. 중앙해령과 섭입대가 한 지판의 처음과 끝이라면, 변환단층은 지판이 이동해가면서 스쳐 지나가는 주변 지판과의 경계라고 볼 수 있다. 변환단층은 중앙해령과 중앙해령의 경계에 위치하고 중앙해령을 나누는 가장 기본적인 기준이다. 변환단층에서는 생성과 소멸은 없고, 다만 마찰이 있을 뿐이다. 이상이 지판의 이동과 생성, 소멸에 의한 고체 지구의 순환 과정이다. 이제 지판의 주요 경계를 중심으로 고체 지구의 순환에 대해 알아보도록 하자.

1. 지판의 생성: 중앙해령

중앙해령은 마치 야구공의 실밥같이 전 지구를 감싸고 있는 지구 최대의 구조물이다(그림 2-2). 중앙해령의 길이는 약 8만 km로 지구 둘레를 두 번 감을 정도의 길이이다. 대부분 심해에 위치하고 있고 규모가 워낙 크기 때문에 인류에게 전모를 드러낸 것은 20세기 중엽에 이르러서였다. 제2차 세계대전 기간 대서양에서 많은 지형 조사가 이루어졌는데, 이때 대서양의 한복판에 매우 기다란 해저 산맥이 존재한다는 사실이 확인되었다. 이후 지속적인 연구를 통해 대서양에서 발견된 것과 같은 해저 지형물이 태평양, 인도양, 북극해, 남극해에서도 발견되어 전 지구적으로 분포함이 확인되었다.

해령Ridge이란 이름을 보면 중앙해령 전체가 육상의 산맥과 비슷한 형태일 것이라 추측하기 쉽다. 그러나 중앙해령은 산맥과 같은 지형을 나타내는 경우도 있지만, 계곡 같은 형태를 나타내는 경우도 많고, 평평한 지형을 나타내는 경우도 있다. 그러니까 중앙해령은 지형적 특성보다는 그 기능에 의해 규정되는 것이라는 점을 명확히 할 필요가 있다.

중앙해령의 기능은 무엇일까? 중앙해령이 지구 시스템에서 차지하는 기능은 여러 가지이지만, 핵심을 한마디로 요약한다면 해양 지각의 생성이라 할 수 있다. 중앙해령에서 해양 지각이 형성된다는 의미이다. 앞서 이야기했듯 지각과 지판은 다른 개념이다. 지판은 연약권 위에 놓인 딱딱한 부분이고, 지각은 지구 최상층에 있는 상대적으로 밀도가 낮은 암

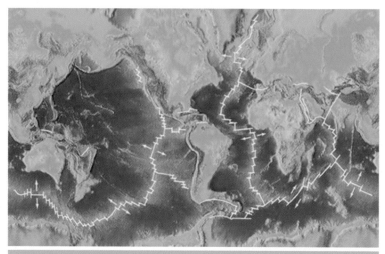

그림 2-2

중앙해령의 분포: 중앙해령은 야구공 실밥같이 전 지구를 감싸고 있다. 중앙해령은 변환단층에 의해 나뉘어져 있다(어긋나 있는 부분들이 변환단층).

석층을 지칭한다. 중앙해령의 중심축에서 지판의 두께는 거의 영으로 수렴하는데 이것은 연약권이 거의 지표까지 올라와 있기 때문이다. 해양 지각은 연약권이 지표 가까이 상승하면서 맨틀에 용융이 일어나 분출되면서 형성된 것이다.

중앙해령에서는 상부 맨틀에서 녹아 올라온 마그마가 분출되고 고화되면서 지표의 3분의 2 이상을 덮고 있는 해양 지각을 형성한다. 중앙해령에서 막 분출된 용암이 굳어져 만들어진 해양 지각의 나이를 영(0) 살

극지과학자가 들려주는 판구조론 이야기

이라고 하면, 중앙해령에서 멀어질수록 해양 지각은 점점 나이를 먹어간다. 해양 지각에서 관찰되는 이런 나이테의 발견은 해저확장설, 더 나아가 판구조론의 확고한 기초가 되었다.

해양 지각의 나이테는 지구 자기장의 연구 결과 밝혀진 것이다. 나침반의 바늘은 남북을 가리키는데, 이는 지구가 하나의 거대한 자석이기 때문에 나타나는 현상이다. 그런데 지구라는 자석은 자력의 세기뿐 아니라 N극과 S극의 위치도 고정되어 있지 않고 시간이 지남에 따라 변한다. 지구의 N극과 S극은 위치가 수시로 변할 뿐 아니라 N극과 S극이 서로 뒤집어지는 역전 현상도 주기적으로 나타난다. 해양 지각에는 이러한 지자기장의 역전 현상이 기록되어 있다. 해양 지각에 지자기 역전 현상이 기록된 것은 중앙해령에서 분출된 용암이 식어가면서 그 속에 함유되어 있던 자철석 조각(자석 가루)들이 당시의 지구 자기장 방향으로 배열되기 때문인데, 이것은 자기 테이프에 음악이나 영상을 기록하는 원리와 유사하다. 지구 자기장 변화의 역사는 이미 알고 있었기 때문에 해양 지각에 기록되어 있는 지구 자기장의 세기와 방향을 측정하면 해양 지각의 위치별 나이를 알 수가 있고, 이를 통해 대륙이 어떻게 이동해갔는지 추적할 수 있다. 중앙해령에서 형성된 해양 지각이 판구조론과 대륙이동설의 가장 강력한 증거가 된 것은 이곳에 기록된 지구 자기의 역전 현상을 읽어낼 수 있었기 때문이다.

확장 속도와 중앙해령의 지형

두 개의 지판은 중앙해령의 중심축을 기준으로 해서 서로 반대 방향으로 이동한다. 두 지판이 서로 멀어지는 속도를 총 확장 속도Full Spreading Rate라고 하며, 중심축으로부터 각 지판이 멀어지는 속도를 반 확장 속도Half Spreading Rate라고 한다. 논리적으로 반 확장 속도는 총 확장 속도의 절반이 되어야 한다. 확장 속도에 대해 감을 잡으려면 손톱 자라는 속도와 비교해보면 편리하다. 대개 손톱 자라는 정도의 속도를 중속 확장이라고 하고, 중속 확장의 2배를 고속 확장, 그 절반을 저속 확장이라고 한다.

중앙해령은 1차적으로 확장 속도에 따라 분류하는데, 그 이유는 확장 속도에 따라 해령의 지형이 달라지기 때문이다. 고속으로 확장하는 중앙해령의 대표적인 예는 동태평양에 분포하는 동태평양 중앙해령EPR: East Pacific Rise이며, 느리게 확장하는 중앙해령의 대표적인 예는 인도양 중앙해령Indian Ridges(남동인도양 중앙해령, 중앙인도양 중앙해령, 남서인도양 중앙해령 세 개로 나뉘어 있다)이다.

해령의 지형 변화는 두 가지 관점에서 볼 수 있다. 하나는 중심축의 단면이 보여주는 높이의 변이이다. 그림 2-3을 보면 고속 확장 중앙해령의 경우 해령이라는 말에 걸맞게 산맥같이 솟아오른 형태를 띠는 것을 확인할 수 있다. 반면 저속 확장 중앙해령의 경우에는 해령이라는 명칭에 걸맞지 않게 계곡과 같은 형태를 나타내는 것을 볼 수 있다. 중속 확장 중앙해령의 경우 고속과 저속 양 극단의 사이에서 다양하게 변화한

극지과학자가 들려주는 판구조론 이야기

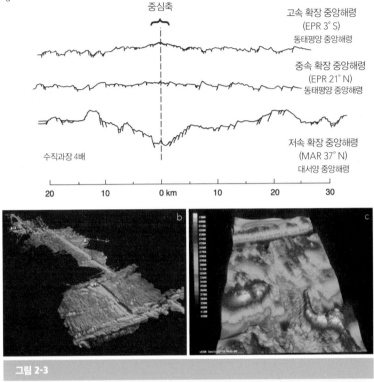

그림 2-3

중앙해령은 확장 속도에 따라 고속, 중속, 저속 확장 중앙해령으로 구분할 수 있는데, 확장 속도에 따라 나디니는 지형이 다르다(a. 확장 속도에 따른 중심축 지형 변화 b. 고속 중앙해령 c. 저속 중앙해령).

다. 여기에서 강조할 점은 확장 속도가 증가함에 따라 연속적으로 계곡의 형태에서 산맥의 형태로 변이해가는 것은 아니라는 점이다. 중속 확장 중앙해령에서는 확장 속도에 큰 관계없이 계곡, 평평한 지형, 움푹 솟

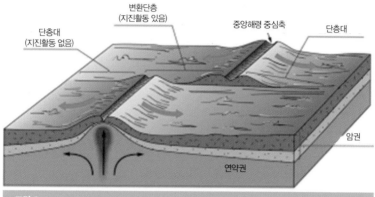

변환단층
(지진활동 있음)

중앙해령 중심축

단층대
(지진활동 없음)

단층대

암권

연약권

그림 2-4

해령과 변환단층: 중앙해령의 중심축은 단층들로 여기저기 끊어져 있거나 어긋나 있다. 이렇게 중앙해령을 자르고 있는 단층들이 변환단층이다. 변환단층은 보다 긴 단층대 중 중앙해령 축과 축 사이에 위치한 부분을 지칭한다. 지진이 단층대 전체에서 일어나지 않고 변환단층에서만 일어난다는 사실이 중요한 포인트이다.

은 지형 등 다양하게 나타난다. 확장 속도가 같은데 매우 다른 지형이 나타나는 경우도 종종 있다. 이는 확장 속도가 중앙해령 지형을 결정하는 유일한 인자가 아님을 암시한다. 중앙해령의 지형은 확장 속도 외에도 맨틀의 특성 등 다른 요인의 영향을 받는 것으로 알려져 있다.

두 번째는 중앙해령의 불연속성과 연관된 지형적 특성이다. 중앙해령은 기본적으로 지구를 이차원적으로 감고 있는 선형 구조이다. 그런데 중앙해령의 지형을 자세히 살펴보면 중심축이 연속적이 아니라 대규모 단층들로 여기저기 끊어져 있고 어긋나 있음을 발견할 수 있다(그림 2-2, 2-3, 2-4). 중앙해령을 대규모로 자르고 있는 이 단층들이 바로 앞에서

극지과학자가 들려주는 판구조론 이야기

말한 변환단층이다. 규모는 작지만 해령과 해구에 이어 세 번째 판 경계로서 중앙해령과 맞먹는 위계를 갖고 있다.

이 변환단층은 중앙해령을 자르며 교차하고 있지만 여기서는 지판들이 생성되지도 않고 멀어지지도 않으며 서로 마찰을 일으킬 뿐이다(그림 2-4). 변환단층을 경계로 중심축들이 서로 어긋나 있으며 변환단층들 사이에 놓인 중앙해령 구간들이 해령을 구분하는 가장 큰 기본 단위가 된다. 변환단층들 사이에 놓인 중앙해령 기본 단위 구간 내에서도 규모는 작지만 중심축은 연속적이지 않다. 고속 중앙해령과 저속 중앙해령은 중앙해령 기본 단위 구간 내부가 끊어지는 방식에 있어서도 차이를 보인다.

그림 2-5a는 고속 확장 중앙해령의 대표적인 기본 단위 구간인 동태평양 중앙해령 북위 15~17도에 위치한 오로조코 변환단층 구간이다. 고속 확장 중앙해령의 전형인 높게 솟아 있는 구조를 확인할 수 있다. 이 그림에서 특기할 것은 단위 구간 내부에서도 중심축들이 끊어져 있을 뿐 아니라 어긋나 있기도 하고 무엇보다 서로 겹쳐 있는 부분도 존재한다는 사실이다. 그림 2-5b는 남태평양 중앙해령 16-20S 구간으로서 이 구간 내 좁은 영역에 대한 정밀한 지형도인 그림 2-5c를 보면 고속 확장 중앙해령 산맥의 정상부에는 작은 골이 파여 있음을 발견할 수 있다. 이 부분에서는 마그마가 매우 활발하게 분출되고 있음이 확인된다. 고속 확장 중앙해령의 특성은 불연속적으로 어긋나 있는 중심축, 중심축이 겹

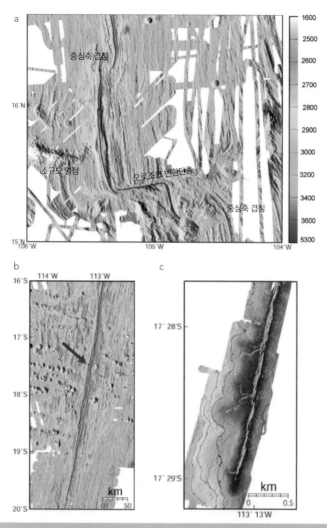

고속 확장 중앙해령인 동태평양 중앙해령의 구간들(a. 북위 15°~17° 구간, b. 남위 16°~20° 구간, c. b의 화살표 부분의 정밀도).

처 있는 부분의 존재, 활발한 마그마의 분출 활동 등으로 요약할 수 있다. 불연속적으로 어긋나 있는 각각의 중심축들이 고속 중앙해령을 연구하는 데 있어 가장 작은 단위이다. 서로 어긋나 있는 중심축 구간들은 서로 간에 그 특성이 미묘하게 다르다. 특히 중심축 겹침은 고속 확장 중앙해령의 중심축을 나누는 중요한 기준점인데, 중심축 겹침에 의해 구분되는 구간의 평균 길이는 수십 킬로미터 정도이다.

저속 확장 중앙해령의 중심축은 고속 확장 중앙해령의 중심축과 확연히 다르다. 그림 2-3과 2-6을 보면 확연한 계곡 형태의 지형을 보인다. 그리고 마그마의 분출이 고속 확장 중앙해령에 비해 현저히 적다. 특기할 만한 점은 저속 확장 중앙해령의 중심축에서는 중심축 겹침 현상이 나타나지 않는다는 점이다. 그렇다면 저속 확장 중앙해령은 중심축이 전부 연결되어 있는가? 그림 2-6을 보면 저속 확장 중앙해령의 경우도 중심축이 연속적으로 연결되어 있지 않다는 것을 알 수 있다. 저속 확장 중앙해령 중심축은 고속 확장 중앙해령과 달리 주로 소규모 단층과 방향 변화에 의해 구분될 수 있다. 고속 확장 중앙해령에서도 소규모 단층에 의해 중심축이 잘려 있는 구간이 존재하긴 하지만 소규모 단층들 간의 거리가 훨씬 멀다.

고속 확장 중앙해령에서는 변환단층, 중심축 겹침, 중심축 방향 변화들이 중심축을 구분하는 기준으로 활용된다. 규모로 보면 변환단층으로 구분되는 중심축 길이가 가장 크고, 그 내부에서 중심축 겹침, 방향

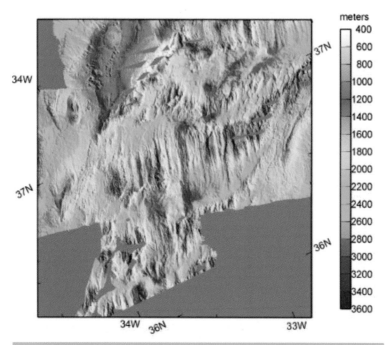

그림 2-6

저속 확장 중앙해령.

변화 등으로 갈수록 길이가 짧아진다. 해령을 연구하는 과학자들은 그 스케일에 따라 변환단층에 의해 구분되는 기본 구간을 1차 구간, 중심 축 겹침에 의해 구분되는 1차 구간 내 구간을 2차 구간, 방향 변화 등의 중심축 구분을 3차 또는 4차 구간 등으로 세분한다. 요약하면 고속 확 장 중앙해령은 변환단층에 의해 가장 큰 규모인 1차 구간으로 나뉘고,

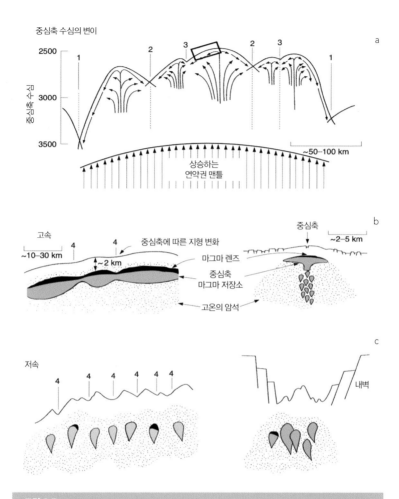

그림 2-7

해령에서 여러 구간이 생겨나는 메커니즘. 이 그림에 따르면 1차 구간은 맨틀이 상승하는 기본 단위이고, 2차 구간은 마그마가 축을 따라 흐르는 단위, 3차와 4차 구간은 마그마 렌즈의 변이이다.

중심축 겹침에 의해 1차 구간이 세분된다. 2차 구간도 역시 중심축의 작은 변이에 의해 3차, 4차 구간으로 세분된다. 중심축의 불연속들이 왜 생겼느냐는 중앙해령 연구에 있어 난제 중의 하나인데 맨틀의 상승 단위, 지각 내부에서 마그마가 흐르는 패턴 등과 관련 있을 것으로 추정된다. 그림 2-7은 해령에서 여러 구간들이 생겨나는 메커니즘을 도식화한 그림이다. 이 모식도에 따르면 변환단층은 맨틀 상승의 기본 단위이고, 2~4차 구간은 지각 레벨에서 마그마 공급 패턴에 의해 형성된다. 이것은 매우 개략적인 모식도이며 개별 해령 구간에서 실제로 일어나는 과정들은 전문적인 연구를 통해 구체적으로 밝혀내야 한다.

여기서 변환단층에 대해 좀 더 정리하고 넘어갈 필요가 있을 것 같다. 앞에서는 변환단층을 단순히 중앙해령의 중심축을 구분하는 기준이라는 관점에서 정리했다. 하지만 변환단층은 해령과 섭입대와 더불어 세 번째 판 경계로 당당히 인정받고 있다. 해령을 자르고 있는 변환단층의 발견은 해저 확장의 중요한 근거로 활용되기도 했다. 그림 2-8은 태평양-남극 중앙해령과 남서인도양 중앙해령에서의 지진 분포이다. 태평양-남극 중앙해령의 경우 전체 단층 중 중앙해령을 자르는 변환단층 구간에서만 지진이 일어남을 확인할 수 있다. 남서인도양 중앙해령 역시 전체 단층이 아닌 변환단층에서만 지진이 일어나며, 태평양-남극 중앙해령과 달리 중심축에서도 지진이 일어남을 발견할 수 있다. 그냥 당연하게 넘기는 사람들이 많겠지만 사실 이것은 매우 신기한 현상이다. 보

극지과학자가 들려주는 판구조론 이야기

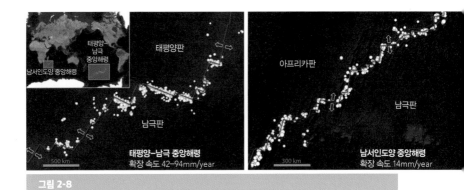

그림 2-8

태평양-남극 중앙해령과 남서인도양 중앙해령에서의 지진 분포

통 단층을 경계로 두 판이 서로 스치고 있다면 지진은 단층 전체에서 일어나야 한다. 그런데 왜 두 중심축을 연결하는 단층 부분에서만 지진이 일어나는 것일까? 이 흥미로운 현상은 그림 2-4를 보면 이해할 수 있다. 해령을 중심으로 두 지판이 형성되면서 서로 멀어지고 있기 때문에 해령 구간 사이에 위치한 변환단층에서는 판들이 스치게 되고, 따라서 지진이 발생하게 되는 것이다. 이것은 해저 확장의 결정적 증거 중의 하나이기도 하다.

변환단층의 이러한 특성은 판구조론 정립에 중요한 공헌을 한 과학자 중의 한 사람인 존 투조 윌슨John Tuzo Wilson(1908~1993)에 의해 발견되었다. 변환단층은 판의 이동 방향과 평행하기 때문에 판 운동을 정량적으로 계산하는 데 중요한 기준으로 활용된다. 변환단층은 중앙해령을 자르기도 하지만 계속 따라가면 섭입대와도 만난다. 변환단층은 단순하게는 두 판이 서로 스치는 경계로서 대개 화산활동이 일어나지는 않지만, 경우에 따라 화산활동이 생기는 부분도 있고 작은 확장 구간들을 포함하는 경우들도 있는 등 다양한 형태를 나타낸다.

해양 지각의 형성 과정

중앙해령은 왜 지판의 시작점인가? 중앙해령에서 해양 지각은 어떤 과정에 의해 만들어지는가? 이 문제에 답하기 위해서는 먼저 지구의 물리적 구조에 대해 다시 생각해볼 필요가 있다. 지구는 지각-맨틀-핵의 삼중 구조를 갖고 있지만, 적어도 지구의 상층부는 물리적 특성에 따라 암권과 연약권으로 구분된다. 암권은 딱딱해서 깨질 수 있는 성질을 갖고 있으며, 그 아래 연약권은 변형될 수 있고 흐를 수 있다. 중요한 포인트는 암권에서 지각이 차지하는 부분이 작기 때문에 암권의 대부분도 맨틀이고 연약권도 맨틀이라는 사실이다. 즉 암권에 적당한 온도와 압력을 가하면 연약권이 되고, 연약권의 온도와 압력이 낮아지면 암권이 된다. 다시 말해 암권과 연약권은 상호 변환이 가능하다.

중앙해령 아래는 어떤 특성을 갖고 있을까? 일단 중앙해령 중심축 부분은 지구상 어느 곳보다 연약권 맨틀이 지표 가까이까지 상승해 있는 지역이다. 상승이라는 표현을 쓴 이유는 연약권 맨틀이 올라와 정적인 상태로 있는 것이 아니기 때문이다. 중앙해령 아래에서는 연약권 맨틀이 꾸준히 상승하고 있다. 왜 중앙해령 아래에서 연약권 맨틀이 상승하는 것일까? 연약권은 자체적인 양성 부력에 의해 상승하는 것일까? 연약권이 자체적인 힘에 의해 상승하려면 충분히 뜨거워야 한다. 물이 끓어오르려면 충분히 뜨거워야 하듯 말이다. 그러나 중앙해령에서 측정한 온도는 연약권 맨틀이 자체 힘으로 상승할 만큼 충분히 뜨겁지 않다는 것을 알려준다. 계곡 형태를 띠는 저속 중앙해령의 예는 그 아래 연약권 맨틀이 충분히 뜨겁지 않다는 것을 암시한다.

결론을 먼저 말하면, 연약권 맨틀이 중앙해령 아래에서 상승하는 이유는 지판이 양쪽으로 멀어지기 때문이다(그림 2-9a). 지판이 양쪽으로 멀어지면 빈 공간이 생기는데 그 빈 공간을 메우기 위해 연약권 맨틀이 상승하게 되는 것이다. 즉 연약권 맨틀의 상승은 수동적이다. 고속 확장 중앙해령의 경우 두 지판이 멀어지는 속도가 빠르기 때문에 연약권 맨틀이 활발하게 상승하고, 저속 확장 중앙해령의 경우는 상대적으로 연약권 맨틀의 상승이 덜 활발하다.

두 지판은 왜 멀어지는 것이고, 위치에 따라 멀어지는 속도가 다른 것일까? 이 문제에 대해서는 다음 장인 지판의 소멸에서 다루겠지만, 먼저 두 지판을 멀어지게 하는 힘에 대해서는 간단히 언급하고 넘어가고자 한다. 지판을 멀어지게 만드는 힘은 여러 가지이지만 그중에서 가장 큰 것은 섭입대에서 지판이 침강하면서 당기는 힘이다. 역설적이지만 지판을 소멸시키는 힘이 지판을 탄생시키는 셈이다.

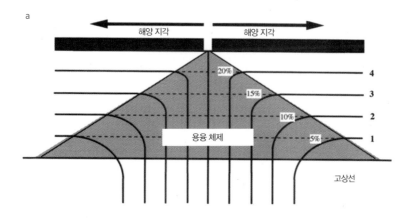

a

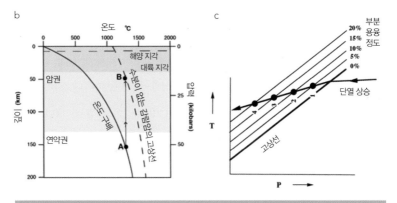

b   c

그림 2-9

중앙해령에서 해양 지각 형성 메커니즘

a. 중앙해령 아래 맨틀의 용융 체제(melting regime). 용융 체제는 중앙해령 위 양쪽 지판이 서로 멀어짐에 따라 수반되는 연약권 맨틀 상승과 부분 용융이 일어나는 양상을 도식적으로 표현한 그림이다. 중앙해령 중심축 아래에서 연약권 맨틀이 가장 높이 상승하고 멀어질수록 적게 상승한다. 맨틀이 상승하다가 고상선(solidus)을 통과하면 녹기 시작한다. 맨틀의 깊이에 따른 온도 구배와 고상선에 대한 설명은 그림 2-9b에 대한 설명을 볼 것. 이것은 중앙해령 중심축 아래에서 상승한 맨틀이 가장 많이 상승하고 멀어질수록 적게 상승한다는 것을 의미하고, 고상선을 많이 벗어날수록

극지과학자가 들려주는 판구조론 이야기

용융이 더 많이 일어난다. 1~4까지의 번호는 각 포인트의 맨틀이 상승하며 그리는 궤적을 도식적으로 나타낸 것. 1→4로 갈수록 더 많이 상승하고 압력은 더 많이 떨어지며 더 많이 녹는다. 그림 2-9c가 그 메커니즘을 설명하는 그림이다.

b. 맨틀 압력이 감소하면 부분 용융이 일어나는 메커니즘을 설명하는 그래프. 그래프 내의 왼쪽 실선은 깊이에 따른 맨틀의 온도 구배(geothermal gradient)를 나타내고 오른쪽 파선은 깊이에 따라 감람암이 녹기 시작하는 고상선을 표시한 것이다. A에 위치한 연약권 맨틀이 상승하여 B가 위치한 압력 상황에 놓이게 되면 맨틀이 녹기 시작한다. B의 깊이보다 더 많이 상승할수록 더 많이 녹는다.

c. 맨틀이 A→B를 통과해서 계속 상승할 때 나타나는 온도-압력 변화와 부분 용융 정도. 그림 2-9a에서 1은 5% 용융이 일어나는 만큼 상승하고, 2, 3, 4는 10%, 15%, 20% 녹을 만큼 상승함을 알 수 있다. 이와 같은 메커니즘을 통해 여러 깊이에서 다양한 정도의 부분 용융이 일어나 마그마가 형성된다. 맨틀이 다양한 정도로 녹아 만들어진 마그마들이 모여 지표로 상승해 해양 지각이 형성된다.

해령 아래에서 연약권 맨틀이 상승하면 어떤 일들이 벌어질까? 맨틀이 상승한다는 것은 압력이 낮아짐을 의미한다. 이 과정에 열이 새롭게 공급되거나 제거되지는 않는다는 점을 일단 기억해두자. 맨틀이 상승해 압력이 낮아지면 팽창을 하게 되고 온도는 약간 떨어진다. 이 과정에서 맨틀은 어떤 변화를 겪게 될까? 맨틀은 낮아진 압력에 반응을 해야 한다. 물질은 열을 가해 온도를 증가시켜도 녹지만 압력이 떨어져 녹는점이 낮아져도 녹는다. 예를 들어 얼음의 경우 1기압에서는 섭씨 0도에서 녹지만 압력이 높아지면 더 낮은 온도에서 녹는다(대부분의 물질은 압력이 낮아지면 녹는점도 낮아지지만, 얼음의 경우 예외적으로 압력이 높아지면 녹는점도 낮아진다). 즉 맨틀이 상승하여 압력이 낮아져 녹는점이 낮아지면 맨틀은 녹을 수 있다(그림 2-9b).

맨틀은 감람암이라는 암석으로 구성되어 있고, 이 암석의 주요 구성 광물은 감람석과 휘석이다. 물론 감람암은 감람석과 휘석 외에도 여러 가지 광물이 혼재하는 혼합물이다. 이러한 혼합물의 특징은 녹는점이 한 포인트가 아니라 녹기 시작하는 온도(고상선)에서 완전히 녹는 온도(액상선)까지의 범위가 된다(그림 2-9c). 예를 들어 얼음은 1기압인 경우 0도라는 한 포인트에서 완전히 녹는다. 하지만 감람암은 놓인 압력에 따라 녹기 시작하는 온도와 완전히 녹는 온도가 다르다. 만약 감람암을 밀폐 용기에 넣고 서서히 가열하면 고상선부터 녹기 시작해서 온도가 올라갈수록 녹는 양이 점차 증가하다가 액상선에 도달하면 완전히 액체가 된다. 즉 감람암은 고상선에서 녹기 시작해 부분 용융 정도가 증가하다가 액상선에 다다르면 완전히 녹는다.

얼음의 경우 1기압에서 0도가 되면 완전히 물이 되고 얼음이나 물이나 모두 조성은 그냥 H_2O이지만, 여러 성분이 섞여 있는 감람암의 경우는 좀 복잡하다. 감람암이 완전히 다 녹기 전까지 각 단계별 액체의 조성이 원래의 감람암과는 다 다르다. 이 과정에서 완전히 녹기 전에는 아직 녹지 않은 잔류 감람암의 조성도 계속 변해간다. 감람암의 구성 광물 중 휘석이 감람석보다 더 잘 녹기 때문에 초기에 녹아나온 액체는 휘석 성분에 더 가깝다가 감람석이 녹아 나오는 비율이 증가하면서 점차 감람암에 가까워진다. 감람암이 부분 용융되어 나온 액체, 즉 마그마는 대체적으로 현무암의 조성에 가깝다. 현무암은 바로 감람암이 부분 용융되

극지과학자가 들려주는 판구조론 이야기

어 만들어진 암석인 것이다.

다시 중앙해령 아래로 돌아가보자. 그림 2-9a를 보면 두 지판이 양쪽으로 이동하고 멀어지면서 그 사이 간극을 연약권 맨틀이 채우게 된다. 따라서 중앙해령 중심축에서 암권, 즉 지판의 두께는 0에 수렴한다. 상승하는 연약권 맨틀이 따르는 경로를 도식적으로 표현해보면 그림 2-9a와 같다. 이 그림에 따르면 중심축 바로 아래에서 상승하는 맨틀은 거의 지표 가까이 상승하게 되고 중심축에서 멀어질수록 상승하는 높이는 낮아진다. 즉 중심축 가까이에서 상승하는 맨틀이 가장 큰 압력 변화를 겪게 되고, 중심축에서 멀어질수록 압력 변화를 덜 겪게 된다. 여기서 중요한 점은 상승하는 맨틀이 특정 깊이 이상 상승하면 그림 2-9b에서 보이는 바와 같이 낮아진 압력 때문에 고상선을 통과하게 된다는 사실이다. 즉 맨틀이 상승하면서 고상선을 통과하면 부분적으로 용융하다가 더 이상 상승하지 못하고 지판과 평행하게 옆으로 흐르면서 부분 용융을 멈추게 된다. 중앙해령 아래에서 상승하는 맨틀은 액상선에 도달할 정도의 압력까지 충분히 상승하지는 못한다. 그림 2-9c를 다시 보면 중심축 가까이에서 상승한 맨틀이 압력이 가장 많이 떨어지기 때문에 가장 많이 녹고 중심축에서 멀어질수록 상승 깊이와 이에 수반되는 압력 저하의 정도가 낮아지기 때문에 덜 녹게 된다. 따라서 중앙해령 아래에는 분홍색의 삼각형으로 표현된, 맨틀이 부분 용융된 영역이 분포하게 된다.

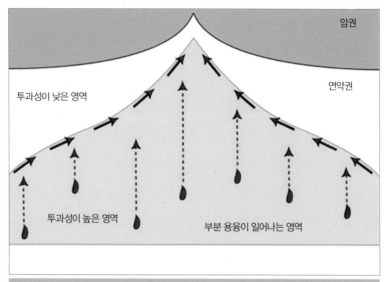

암권

연약권

투과성이 낮은 영역

투과성이 높은 영역

부분 용융이 일어나는 영역

그림 2-10

중앙해령에서의 해양 지각 형성 메커니즘
2-9에서 설명한 바와 같이 다양한 깊이에서 맨틀이 부분 용융되어 형성된 마그마들은 주변 맨틀
보다 가볍기 때문에 위로 상승하다가 더 이상 통과할 수 없을 정도로 투과율이 낮은 깊이의 벽에
도달하면 이 벽을 타고 흘러 중심축에 모여 지표로 분출하게 된다.

이 삼각형, 즉 부분 용융된 맨틀의 영역에는 다양한 비율로 녹아나온 액체, 즉 마그마가 분포한다. 각 위치에 따른 마그마의 조성은 그 녹아 나온 정도에 따라 다 다르다. 이 마그마들은 어떻게 될까? 그림 2-10에 표현된 것과 같이 이 마그마들은 주변 맨틀에 비해 상대적으로 가볍기 때문에 상승하게 되고 투과율이 일정 이상 낮은 맨틀의 부분을 통과하지 못해 벽을 타고 흐르고 섞이다가 중심축에서 모여 최종적으로 섞인 다

극지과학자가 들려주는 판구조론 이야기

음 지표를 향해 분출된다. 앞서 말했듯 감람암에서 부분적으로 녹아 나온 마그마는 현무암의 조성을 나타낸다. 해양 지각이 현무암 조성인 것은 바로 그 이유 때문이다. 여기서 짚고 넘어가야 할 점은 해양 지각은 다양한 부분 용융 마그마들이 혼합되어 만들어진 것이란 사실이다. 중앙 해령 현무암은 맨틀로부터 갓 녹아 나온 마그마들이 모여 일정한 변화를 거친 후 지표로 분출되어 굳어진 것이기에 중앙해령 현무암을 연구함으로써 맨틀에 대한 정보를 얻을 수 있다.

중앙해령 아래 맨틀에서 만들어진 마그마를 완전히 섞으면 현재 해양 지각을 구성하고 있는 현무암과 완전히 동일할까? 만약 해양 지각 전체를 분석한다면 중앙해령 아래 맨틀에서 형성된 마그마 전체의 조성과 유사할지 모른다. 그런데 인류는 해양 지각의 표면에서만 현무암 시료의 채취가 가능하며, 표면에서 채취된 현무암의 조성은 맨틀에서 형성된 마그마의 조성과는 상당한 거리가 있다. 그 이유는 중앙해령 아래에서 마그마들이 섞이고 분출되는 과정에서 상당한 분화를 거치게 되기 때문이다. 마그마는 녹아 나온 순간부터 식기 시작한다. 온도가 떨어지면 광물들이 정출되고 이 광물들은 중력의 힘으로 마그마에서부터 분리되어 가라앉아 버린다. 예를 들어 감람석과 사장석 같은 광물은 쉬지 않고 정출되면서 아래로 가라앉거나 위로 떠올라 마그마의 조성을 변화시킨다.

그림 2-11은 동태평양 중앙해령의 한 구간에서 채취한 시료들을 분석한 결과를 그래프로 그린 것인데 광물들이 정출됨으로써 나타나게 되

는 마그마의 조성 변화를 잘 보여준다. 표면에서 채취된 현무암들도 완전히 섞인 상태로 분출되지는 않기 때문에 많은 시료들을 분석하면 정출 분화의 기록을 읽어낼 수 있다. 감람석에는 마그네슘 성분이 많기 때문에 감람석이 계속 정출되면 마그네슘 성분은 낮아지는 경향을 나타낸다. 그림 2-11 그래프에서 마그네슘 함량이 줄어드는 경향은 마그마의 온도가 계속 낮아지면서 감람석이 정출되기 때문에 나타난다. 마그네슘이 줄어드는 방향은 마그마의 온도가 낮아지는 방향이기도 하다. 즉 마그네슘의 함량이 높은 마그마가 상대적으로 낮은 마그마에 비해 온도가 높은 것이다. 반대로 감람석과 사장석에는 나트륨과 철의 함량이 낮기 때문에 마그마의 온도가 계속 낮아지면 나트륨과 철의 함량은 높아진다. 그림 2-11에서 나타나는 마그네슘과 나트륨, 철의 음의 상관관계는 이러한 과정이 반영된 것이다. 과학자들은 원래 맨틀에서 형성된 마그마의 경우는 마그네슘 함량이 9% 정도일 것으로 추측한다. 지표에서 채취된 현무암은 마그네슘 함량이 8% 근방이기 때문에 이 정도의 정출 분화 과정을 겪은 마그마들이 지표로 분출된다고 보면 될 것 같다.

중앙해령에 대한 탐사는 1970년대 이후 활발하게 이루어졌고 극지방에 분포하는 몇 개 해령 구간들을 제외하고는 대부분의 영역이 탐사되었다. 그 연구 성과들을 여기에 요약할 수는 없지만, 앞에서 논의한 중앙해령에서의 맨틀의 상승과 해양 지각 형성의 연장선상에서 흥미로운 결과를 하나 소개하고자 한다. 앞에서 논의했듯 그림 2-11은 마그마가 맨

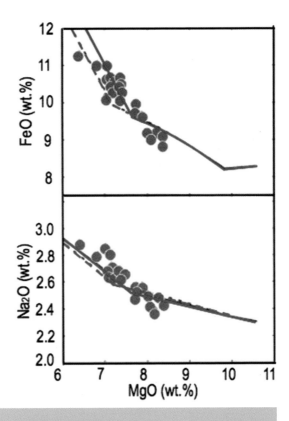

그림 2-11

빨간 원은 중앙해령 현무암이 보이는 조성 변화. 파란 선은 중앙해령 아래 맨틀이 부분 용융되어 만들어진 마그마가 온도가 낮아짐에 따라 그리는 조성 변화. 이 두 경향이 일치함을 확인할 수 있다. 마그마가 지표 가까이 상승하면 온도가 낮아지는데 이에 수반하여 광물들이 정출되어 가라앉거나 위로 뜨게 된다. 마그네슘은 가장 먼저 정출되어 마그마가 굳어져 암석이 될 때까지 계속 정출되는 감람석(Olivine)의 주 구성 성분이다. 즉 마그마의 온도가 낮아지면 감람석이 정출되어 가라앉으면서 마그마의 마그네슘 함량은 계속 낮아지게 된다. 나트륨과 철은 감람석에는 거의 포함되지 않는 성분이다. 따라서 감람석이 정출되면 마그마에서 마그네슘 함량은 계속 낮아지는 반면 나트륨과 철의 함량은 계속 높아지게 된다. 동태평양 중앙해령에서 채취된 현무암질 암석의 성분을 도시한 그림에서 이 경향이 뚜렷하게 나타난다. 이 그림은 마그마가 분출되기 전 정출 분화를 거쳤다는 것을 의미한다.

틀에서 용융되어 나와 정출 분화를 겪은 후 해양 지각을 형성하는 과정을 잘 보여준다. 그렇다면 모든 중앙해령에서 현무암을 분석하면 같은 경로를 따를까?

그러나 그림 2-12를 보면 중앙해령에서 일어나는 과정이 단선이 아님을 확인할 수 있다. 이 그림은 대서양 중앙해령의 구간인 케인Kane과 페이머스FAMOUS 구간에서 각각 채취한 암석들의 분석 결과를 비교한 것이다. 두 중앙해령 현무암 계열 모두 감람석과 사장석이 정출되는 일반적인 과정은 따르지만 출발점이 다름을 확인할 수 있다. 다양한 중앙해령 현무암들을 분석해보면 모두 정출 분화의 일반적 경향을 따르고 있지만 출발점은 다르다. 마그마들의 원래 조성이 중앙해령 구간별로 편차를 나타내는 것이다.

왜 중앙해령 구간들마다 마그마의 원래 조성이 다른 것일까? 가장 단순한 설명은 마그마가 기원한 맨틀의 조성이 중앙해령 구간별로 다를 것이라는 추정이다. 그러나 대류하고 있는 맨틀이 중앙해령 구간별로 조성이 다르기는 어렵다는 것이 과학자들의 기본 생각이다. 그리고 여기에 상세하게 소개할 수는 없지만 다양한 연구 결과는 맨틀 조성이 구간별로 다를 것이란 설명이 설득력이 없음을 확인하고 있다. 특히 맨틀 조성의 다양성은 아래의 흥미로운 관계를 설명하지 못한다.

그림 2-13은 해령 중심축의 수심과 그곳에서 채취된 중앙해령 현무암의 상관관계이다. 이 그래프에서 Na8은 마그네슘이 8%일 때 나트륨

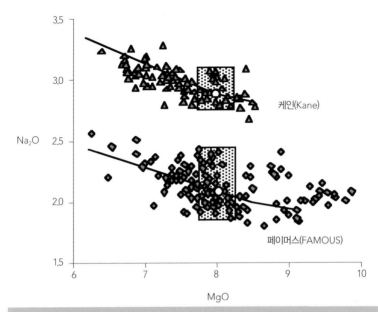

그림 2-12

대서양 중앙해령의 케인 구간과 페이머스 구간에서 채취된 암석들 성분이 그리는 궤적. 그림 2-11에서와 같이 마그네슘 함량이 낮아짐에 따라 나트륨이 증가하는 경향을 나타내는데 두 구간의 초기 나트륨 성분이 각각 다름을 알 수 있다. 케인 구간의 암석이 페이머스에 비해 원래 나트륨 함량이 더 높았음을 알 수 있다. 중앙해령 구간별로 마그마의 원래 조성에 차이가 있는 이유는 무엇일까?

의 값, Fe8은 마그네슘이 8%일 때 철의 값이다. 이런 보정값을 사용하는 이유는 마그마가 정출 분화되면서 원래의 조성과 달라지기 때문에 같은 정출 분화 정도에서의 조성을 서로 비교하기 위해서이다. 즉 이 값들은 원래 마그마의 화학 조성을 지칭하는 수치라고 이해하면 된다. 그

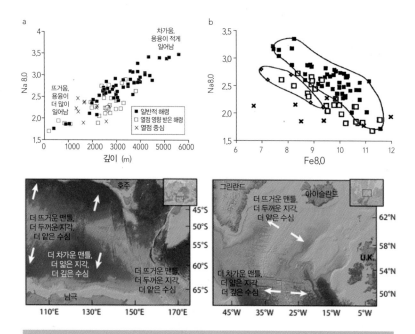

그림 2-11과 12에서 나타나는 바와 같이 중앙해령의 현무암질 암석은 다양한 조성범위를 보여주기 때문에 단순하게 비교할 수는 없다. 그래서 마그네슘 함량이 같은 암석들을 비교하게 된다. 마그네슘 함량이 8%일 때 나트륨 농도를 Na8, 철의 농도를 Fe8로 표기한다. Na8과 Fe8 값들은 암석들이 채취된 중앙해령의 깊이와 각각 양과 음의 상관관계를 나타낸다. 그림 2-13a는 Na8이 수심과 양의 상관관계를 나타냄을 명확히 보여준다. 그림 2-13b와 같이 Na8과 Fe8은 음의 상관관계를 나타낸다. 물리적 성질인 수심과 화학 성분인 Na8과 Fe8은 왜 이렇게 좋은 상관관계를 나타낼까?

림 2-13을 보면 수심이 깊어질수록 Na8이 낮아짐을 확인할 수 있다. Na8과 Fe8은 음의 상관관계를 보이는데 이것은 Fe8은 반대로 수심이 깊어질수록 낮아질 것이란 걸 추론해낼 수 있다. 왜 현무암의 화학조성이 중앙해령 중심축의 수심이라는 물리적인 특성과 상관관계를 보이는 것일까?

이 상관관계는 앞에서 소개한 해양 지각 형성 모델로 비교적 잘 설명이 된다. 설명을 이해하기 위해서는 맨틀이 용융될 때 나트륨과 철이 나타내는 행동에 대한 지식이 필요하다. 실험에 따르면 맨틀 속의 나트륨은 비교적 잘 녹는 성분이다. 즉 맨틀이 적게 녹을수록 그 결과 만들어진 마그마에서 나트륨의 함량이 높다. 맨틀이 많이 녹을수록 더 많이 녹아 나오는 다른 성분들에 의해 희석되어 나트륨의 함량은 낮아진다. 철의 경우는 맨틀의 압력이 높아질수록 잘 녹는 성질이 있다는 것이 실험을 통해 밝혀졌다.

나트륨과 철의 이러한 지구화학적 거동 특성과 중앙해령에서의 해양 지각 형성 모델을 통해 나트륨-철-수심의 상관관계가 설명될 수 있는 것일까? 가장 유력한 설명은 중앙해령 구간에 온도 차가 있다는 것이다. 온도가 높아질수록 맨틀이 부풀어 올라 수심이 얕아진다. 즉 수심이 깊으면 그 아래 차가운 맨틀이 분포하고 있을 가능성이 높고, 수심이 얕으면 뜨거운 맨틀이 분포하고 있을 가능성이 높다. 이러한 온도 차를 해양 지각 형성 모델에 적용해보면 수심이 깊은 해령 아래 상대적으로 차가운 맨틀이 상승하면 고상선을 통과하는 깊이도 얕아지고 부분 용융이 일어나는 면적도 작아진다(그림 2-14). 이는 맨틀이 더 적게 녹음을 암시

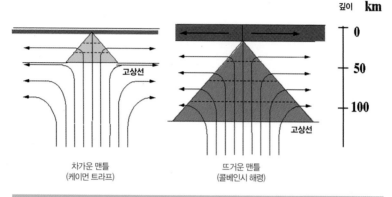

깊이 **km**

0

50

100

고상선

고상선

차가운 맨틀
(케이먼 트라프)

뜨거운 맨틀
(콜베인시 해령)

그림 2-14

맨틀 온도에 따른 중앙해령 아래 용융 체제의 변화. 그림 2-13에서 나타난 수심과 Na8과의 상관관계는 온도에 따른 중앙해령 용융 체제의 변화로 설명할 수 있다. 맨틀의 온도가 높아질수록 상승하는 맨틀이 고상선을 통과하는 깊이가 깊어진다. 고상선을 통과하는 깊이가 깊어진다는 것은 용융 체제의 크기가 커지고 더 많이 녹는다는 것을 의미한다. 맨틀의 온도가 높다는 것은 부력에 의해 수심이 낮아진다는 것을 의미한다. 즉 수심이 얕은 중앙해령은 그 아래 맨틀의 온도가 높고 중앙해령 아래 맨틀이 더 많이 녹을 가능성이 높다. 마그마 양도 많기 때문에 지각의 두께도 두꺼워져서 수심을 더 얕게 한다. Na은 잘 녹는 성분이기 때문에 맨틀이 많이 녹을수록 그 결과 형성된 마그마에서 농도가 낮아진다. 즉 맨틀의 온도가 높아지면 수심이 낮아지고 더 많이 녹아 Na의 함량이 낮아진다. 맨틀의 온도 차에 의한 용융 체제의 변화가 수심과 Na8의 상관관계를 잘 설명한다. 수심과 Fe8의 음의 상관관계 역시 맨틀 온도 차에 의한 용융 체제 변화로 설명되는데 온도가 높을수록 마그마가 형성되는 평균 압력이 높게 된다. 맨틀이 더 깊은 곳에서부터 녹기 시작하기 때문이다. Fe은 압력이 높을수록 잘 녹는다는 것이 실험 결과 밝혀져 있다. 즉 온도가 높은 맨틀이 녹으면 평균 압력이 높아져 Fe 함량도 높아지게 되는 것이다. 수심-Na8-Fe8과 맨틀의 상관관계는 여기서 설명한 것보다는 좀 더 다양한 변수의 영향을 받는다.

한다. 즉 맨틀이 차가우면 맨틀이 더 얕은 곳부터 녹기 시작하기 때문에 부분 용융 정도가 작아지고, 부분 용융이 일어나는 맨틀에 가해지는 평균 압력도 낮아진다. 상대적으로 낮은 온도의 맨틀이 분포히는 중앙해

극지과학자가 들려주는 판구조론 이야기

령은 수심이 깊고 해양 지각 형성 과정에서 부분 용융 정도가 낮아 나트륨의 함량이 높아지고 마그마가 형성되는 맨틀의 평균 압력은 상대적으로 낮아서 철의 함량은 낮아진다. 온도가 높은 맨틀은 반대의 경향을 띤다. 즉 수심은 얕고, 부분 용융 정도는 높아서 나트륨의 함량은 낮아지고 평균 압력은 높아져 철의 함량은 높아진다는 것이다. 전 지구적 중앙해령에서 관찰되는 화학 조성과 수심의 상관관계는 현재 해양 지각 형성 모델이 상당히 타당하다는 증거이기도 하다.

해양 지각의 구조

중앙해령에서 형성되는 해양 지각은 어떤 구조를 갖고 있을까? 해양 지각은 바다가 지구 표면의 70%를 차지하고 있듯이 지구 표면의 70%를 차지한다. 지구를 이해하기 위해서는 해양 지각에 대한 이해가 매우 중요하다고 볼 수 있다. 해양 지각의 평균 두께는 5km 정도이며 두꺼운 곳도 10km를 넘지는 않는다. 해양 지각의 두께 변이는 생성 당시 맨틀의 온도와 관련이 있을 것으로 추측된다. 앞에서 설명했던 것과 같이 해양 지각을 형성한 맨틀의 온도가 높아질수록 녹는 양이 많아지고, 녹는 양이 많을 때 두꺼운 지각을 형성하기 때문이다. 그러나 대륙 지각의 평균 두께가 100km 정도인 것을 고려하면 해양 지각의 두께는 전체적으로 얇은 편이다. 해양 지각은 지구의 표면을 아주 넓고 얇게 덮고 있는 셈이다.

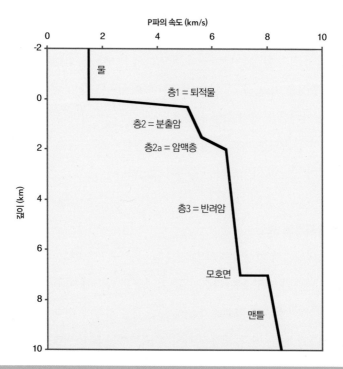

그림 2-15

해양에서 실시한 탄성파 탐사를 통해 얻어진 지진파(P파)의 일반적인 속도 구조. 지진파의 속도가 모호면 위, 즉 해양 지각 내부에서만 세 번 변화함을 알 수 있다. 가장 위층은 퇴적층이므로 퇴적층 아래, 즉 지진파 속도 구조를 통해 암석으로 이루어진 해양 지각이 일반적으로 3개 층으로 구성되어 있다는 것을 알 수 있다. 지각의 갈라진 틈을 잠수정을 타고 내려가서 관찰한 것과 해양 지각이 판구조 운동에 의해 육상에 노출된 것인 오피올라이트와의 비교 연구를 통해 이 3개의 층은 위에서부터 아래로 각각 분출암, 암맥층, 반려암 층에 해당한다는 것이 밝혀져 있다.

극지과학자가 들려주는 판구조론 이야기

해양 지각의 구조는 대륙 지각에 비해 비교적 단순하다. 대륙 지각은 두께의 변이도 클 뿐 아니라 지각의 구조도 매우 다양하다. 지진파 속도 구조 연구에 따르면, 해양 지각은 대개 3개 층으로 구성되어 있다(그림 2-15). 가장 표층은 분출 현무암, 중간층은 분출하는 현무암이 통과하는 판상의 암맥층, 최하층은 다양한 조직을 나타내는 반려암 층이다.

해양 지각이 3개 층으로 구성되어 있다는 것은 지진파 탐사 결과 밝혀진 것이다. 구체적으로 각층이 분출암, 암맥층, 반려암으로 되어 있다는 것을 확인한 것은 육상에 노출된 해양 지각의 조각인 오피올라이트 Ohphiolite(그림 2-16)를 통해서이다. 지구의 역사에서 수많은 지각 변동이 일어났다. 그 과정에서 해양 지각의 일부가 육상으로 올라오기도 하는데, 그 결과물이 바로 오피올라이트이다. 오피올라이트를 통해 밝혀진 것처럼 과거의 해양 지각 조각과 현재의 해양 지각이 유사한 구조를 갖고 있다는 것은 중앙해령에서 해양 지각 형성 과정이 매우 장구한 시간 지속되고 있음을 의미하기도 한다.

그런데 이러한 해양 지각의 삼중 구조는 어떻게 형성된 것일까? 이 문제 역시 지구과학계의 난제 중 하나라고 할 것인데, 이번 단락에서 이 문제에 대해 가볍게 고찰해보고자 한다. 먼저 해양 지각을 구성하는 각 층을 살펴보면, 가장 표층의 분출암은 제주도에서 흔하게 볼 수 있는 현무암류와 유사한 암석으로, 마그마가 분화 과정을 겪은 후 지표로 분출되면서 해수에 의해 급격히 냉각되어 만들어진 암석이다. 분출암은 급격하

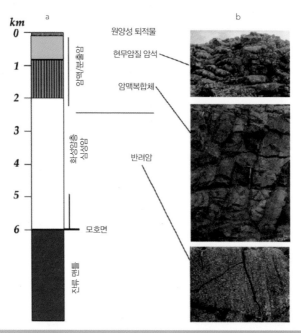

그림 2-16

a. 해양 지각의 3개 층에 대한 모식도. b는 각 층에 대한 오피올라이트 사진이다. 가장 위층은 분출한 용암이 굳어진 것이고 중간의 암맥층은 용암이 상승하는 통로에서 만들어진 구조이다. 제일 아래 반려암 층은 분출하지 못한 용암이 아래에서 굳어진 것으로서 광물 입자의 크기가 제일 크다.

게 냉각되었기 때문에 표면은 유리질이며 유리질 안으로 결정이 이루어진 암석들도 구성 광물의 입자가 육안으로 겨우 식별 가능할 정도로 매우 작다. 그 아래 놓인 암맥층은 3차원적으로 보면 여러 개의 판을 평행하게 붙여놓은 형세이다. 이 암맥층은 분출암과 달리 지표로 분출된 암석이 아니고 지표로 올라가는 경로상에서 굳어져 암석이 된 것이다. 따라서 분출암에 비해 천천히 냉각되어 구성하는 광물들의 크기가 분출암에 비해 큰 편이다. 심도가 깊을수록 천천히 식기 때문에 아래로 내려갈수록 입자의 크기가 커지는 경향도 나타낸다. 암맥층은 왜 암석판들을 켜켜이 세워 붙여놓은 형태를 보일까? 그것은 중앙해령의 확장 때문이다. 해령의 중심축이 벌어지면서 그 틈으로 마그마가 관입을 하기 때문에 한번 관입하는 단위가 판상의 형태를 띤다. 암맥층을 구성하는 각 암맥판들의 두께는 당연하게도 확장 속도가 빠를수록 두꺼워진다(그림 2-16).

해양 지각의 최하층을 차지하는 반려암Gabbro은 현무암질 마그마가 서서히 고화된 것으로 보면 된다(그림 2-16). 지각 심부에서 천천히 고화됐기 때문에 구성하는 광물 입자가 매우 크며 겉보기로는 현무암과 매우 다른 암석같이 보인다. 분출 현무암이 특별한 구조가 관찰되지 않고 암맥층은 켜켜이 세워놓은 형태를 나타내는 것과 달리 반려암 층의 구조는 상대적으로 다양하며 복잡하다. 균질한 암상을 나타내는 부분이 있기도 하고, 층리를 보이는 부분도 있다. 무엇보다 해양 지각 구성 3개 층 중 가장 두껍다. 반려암층이 전체 해양 지각의 3분의 2를 차지하기 때문이다. 따라서 반려암층이 어떤 과정을 통해 형성되었고 왜 현재 나타나는 구조를 갖게 되었는지는 지구과학계의 중요한 논쟁거리였다. 해양 지각의 형성에는 마그마의 생성과 분출 과정도 중요하지만 해양 지각에 침투하여 발생하는 열수 작용도 큰 기여를 하기 때문에 중앙해령에

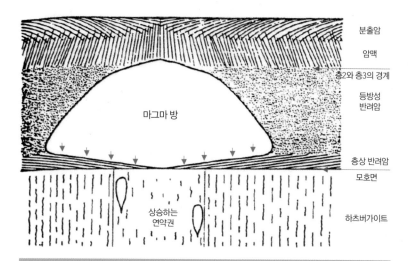

분출암

암맥

층2와 층3의 경계

등방성
반려암

마그마 방

층상 반려암

모호면

상승하는
연약권

하츠버가이트

그림 2-17

해양 지각의 층상 구조를 설명하는 초기 모델. 무한 양파 모델이라고 한다. 이 모델에 따르면 중앙
해령 아래에는 모호면에서 암맥층 아래까지에 이르는 거대한 마그마 방이 존재하고 있다. 마그마
방에서 용암이 분출하는 통로에서는 암맥층이 형성되고, 제일 위에서는 분출암이 형성되게 된다
(Joe Cann, 1974). 그러나 이 모델은 중앙해령에서 실시한 탄성파 탐사 결과를 설명하지 못한다.

서 일어나는 열역학을 이해하는 데 매우 중요하다.

해양 지각의 삼중 구조에 대해 최초의 설명을 제시한 사람은 영국의
암석학자 조 칸Joe Cann이었다(그림 2-17). 그에 따르면 해령 아래에는 거
대한 마그마 방이 있어서 마그마가 위로 분출되는 경로에는 암맥층이 생
기고, 분출되면 분출암이 생긴다는 것이다. 그런데 문제의 핵심은 반려
암층의 다양한 조직이 어떻게 생기느냐 였다.

조 칸은 거대한 양파 같은 형태의 마그마 방의 존재로 반려암 구조를

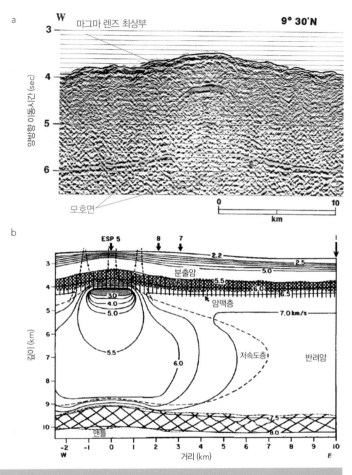

그림 2-18

중앙해령에서 실시한 탄성파 탐사 결과 얻어진 지진파 속도 구조를 보면 중앙해령 아래는 암맥층 바로 아래에 렌즈 모양의 작은 규모 마그마 층이 존재할 뿐 대부분 고체와 액체가 혼합된 상태임을 알 수 있다. 이 결과에 따르면 그림 2-17 모델은 설득력이 매우 낮게 되었다. 그 이후 제안된 다양한 해양 지각 형성 모델은 이 지진파 속도 구조를 설명하기 위해 도입되었다.

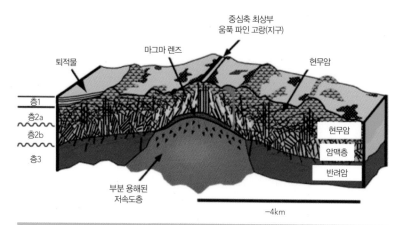

중심축 최상부
움푹 파인 고랑(지구)

마그마 렌즈

퇴적물

현무암

층1
층2a
층2b
층3

현무암
암맥층
반려암

부분 용해된
저속도층

−4km

그림 2-19

해양 지각 형성 모델. 마그마 렌즈에서 상승한 마그마가 통로에서는 암맥층을 분출해서는 분출암을 형성한다. 마그마 렌즈 아래에는 부분적으로 녹은 저속도 층이 존재한다. 중앙해령에 대한 다양한 탐사 결과를 반영한 모델임.

설명하고자 했다(무한 양파 모델, 그림 2-17). 조 칸에 따르면, 양파 모양의 마그마 방 상층부의 냉각에 의해 균질한 반려암층이 형성되고, 마그마 방 하부에 쌓인 정출 분화 광물들에 의해 층상 반려암이 생긴다. 하부에서 끊임없이 올라오는 마그마에 의해 양파 모양의 형태가 유지된다는 의미에서 무한 양파 모델이라는 이름을 가진 조 칸 모델의 핵심 전제는 결국 중앙해령 아래 거대한 액체 상태의 마그마 방이 존재한다는 것이었다.

그런데 중앙해령에 대한 실제 탄성파 탐사를 진행한 결과 해령 아래에는 액체 상태인 거대한 마그마 방이 존재하지 않는다는 사실이 밝혀

극지과학자가 들려주는 판구조론 이야기

졌다. 지진파의 속도 분포 연구를 통해 매질의 특성을 파악할 수 있는데, 속도 분포를 도식화한 그림 2-18은 중앙해령 아래에는 모호면부터 지표까지의 거리 중 약 3분의 2 정도 되는 곳에 렌즈 모양의 작은 규모 마그마 층이 존재할 뿐 전체적으로 고체와 액체가 잘 혼합되어 있는 층이 존재한다는 것을 보여준다. 결국 해양 지각의 구조 형성 모델은 큰 수정을 겪을 수밖에 없었고, 지진파 탐사 결과에 부합되는 모델을 만들기 위한 연구는 계속 진행되고 있다. 그림 2-19는 현재 널리 받아들여지고 있는 해양 지각 형성 모델을 그림으로 표현한 것이다.

중앙해령의 작용들

앞서 정리한 대로 중앙해령의 가장 큰 기능은 해양 지각을 형성한다는 것이다. 지구 표면의 70%가 중앙해령에서 형성된 해양 지각으로 덮혀 있으니 그 중요성은 두말할 나위가 없을 것이다. 더 나아가 중앙해령은 해양 지각 형성과정을 통해 아래와 같이 중요한 기능들을 하고 있다.

첫째, 열수를 분출함으로써 해수의 조성에 큰 영향을 미친다. 열수는 중앙해령 주변 해양 지각의 쪼개진 틈을 침투해 순환하던 해수가 마그마의 열기에 의해 가열되어 끓어 오른 것이다. 이 열수에는 해양 지각을 순환하는 과정에서 녹아 들어간 광물질이 고농도로 함유되어 있어 해수와 다시 섞이게 되면 해수의 조성에 변화를 준다. 열수를 발견하기 전까지 해수 농도는 대륙에서 공급되는 강물과 지하수, 그리고 대기를 통

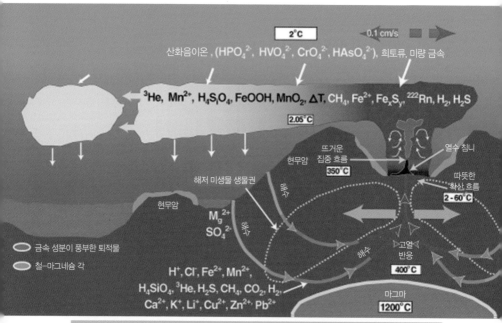

그림 2-20

열수 형성 과정을 묘사하는 그림. 해수가 해양 지각을 순환하는 과정에서 가열되면서 다양한 광물질을 녹여내고 끓어올라 열수로 분출하고 열수에 포함된 광물질들이 해수의 조성에 변화를 준다. 광물질들이 침전하면 경제성 있는 광산이 형성되기도 한다. 열수 분출구 주변에는 열수 생명체들이 서식한다.

해 공급되는 미세 물질들, 해양생물들의 작용에 의해서만 설명해왔다. 그러나 이러한 요소들만으로는 설명되지 않는 금속 농도들이 있었는데 열수의 발견을 통해 이 문제가 해결된 것이다. 분출된 열수가 차가운 해수를 만나, 함유된 광물질들이 급격히 침전됨으로써 중앙해령 주변에

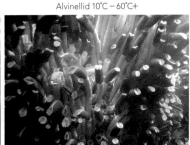

Tubeworm 2°C – 30°C+   Alvinellid 10°C – 60°C+

그림 2-21

열수 주변에서 서식하는 열수 생명체. 이 열수 생명체들은 고압의 암흑 지대이며 유독한 물질들이 널려 있고 미생물 생존에 적합하지 않은 고온의 환경에서도 생존하고 있다. 태양에너지에 기반한 지표 생태계와는 다른 지구 내부 에너지에 기반한 생태계이다.

금속 광산이 형성되기도 한다(그림 2-20).

둘째, 열수는 열수 생물들에게 중요한 에너지 공급원이다. 중앙해령 주변에는 중앙해령이 공급하는 에너지에 기반하는 특수한 열수 생태계가 형성된다. 이 생태계는 태양 에너지에 기반하는 지상 생태계와는 독립적인, 지구 내부 에너지를 기반으로 하는 심해의 특수 생태계이다(그림 2-21). 열수 생물과 생태계는 지상의 생태계와는 매우 다른 특성을 갖고 있으며, 생명의 기원을 열수 생물에서 찾기도 한다. 초창기 지구가 열수 환경과 유사했을 것이라 추정하고 있기 때문이다. 더 나아가 고온에서 적응한 열수 생물은 생물자원으로서의 가능성도 높은 것으로 평가된다.

셋째, 잘 알려져 있지는 않지만 기후변화와 관련된 지구의 온도 조절 기능 역할을 하고 있는 것으로 추정되고 있다. 지구 기후변화에 따라 중앙해령의 화산활동 과정에서 배출되는 대표적인 온실가스인 이산화탄소(CO_2)의 양이 조절되기 때문인데, 과거 지구의 온도 변화를 이해하는 데 반드시 고려해야 할 새로운 변수로 주목받고 있다.

2. 지판의 소멸: 섭입대

중앙해령에서 발견된 해저 확장은 판구조론으로 나아가는 가장 큰 한 걸음이었다. 그러나 중앙해령에서의 해저 확장 발견이 곧바로 판구조론으로 이어진 것은 아니다. 다음 문제가 아직 해결되지 않았기 때문이다. 해저가 확장만 하면 지구는 어떻게 될까? 단순하게 생각하면 지구 전체가 팽창할 수밖에 없다. 이에 따라 해저확장설이 공식적인 인정을 받은 후 일부 과학자들은 지구가 팽창한다는 가설을 내세우기 시작했다. 우주가 팽창함에 따라 지구도 팽창한다는 것이다. 그러나 생성되는 곳이 있으면 소멸하는 곳도 있어야 하는 법이고, 지판이 소멸하는 섭입대의 발견으로 인해 지구팽창설은 사망 선고를 받았다. 다음에서 지판은 어떻게 섭입하고 섭입대에서는 어떤 일들이 일어나는지 알아보도록 하자.

판의 섭입과 섭입대의 화산활동

중앙해령에서 시작된 지판은 기나긴 여행을 마치고 섭입대를 통해 다시 지구 내부로 돌아간다. 판구조론은 고체 지구의 거대한 순환에 대한 이론인 것이다. 섭입대에서 섭입이 일어나는 이유는 지판이 점점 두꺼워지다가 어떤 한계에 다다르면 연약권이 더 이상 받쳐주지 못하고 지판이 내부로 파고들기 때문이다. 오래전부터 수심이 7,000m가 넘는 깊은 바다인 해구가 태평양 쪽 대륙 근처를 따라 띠 모양으로 분포하고 여기서

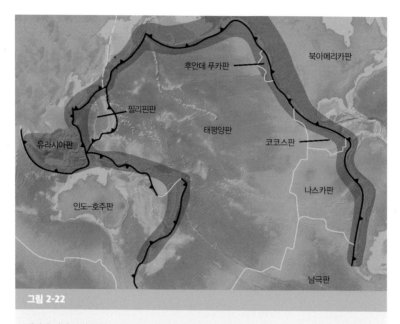

그림 2-22

태평양 연안 불의 고리(Ring of Fire). 태평양 쪽 대륙 근처를 따라 해구가 띠 모양으로 분포하고, 인근에서 지진이 자주 일어난다. 이곳이 바로 지판이 소멸하는 섭입대이다.

지진이 자주 일어난다는 사실은 알려져 있었다(그림 2-22). 그런데 왜 해구가 존재하는지, 이 영역이 어떤 기능을 하는지는 전혀 알려지지 않았다. 그러다 중앙해령을 중심으로 한 해저 확장이 발견됨으로써 균형을 맞추기 위해 해저가 사라져야 하는 부분 역시 필요하게 되었고, 깊은 바다, 즉 섭입대에 대한 이해가 새로워지게 된 것이다.

섭입대에서 지판이 지구 내부로 소멸한다는 증거는 수도 없이 많다. 거시적인 증거 중의 하나는 섭입대의 중력이 지구의 다른 영역에 비해

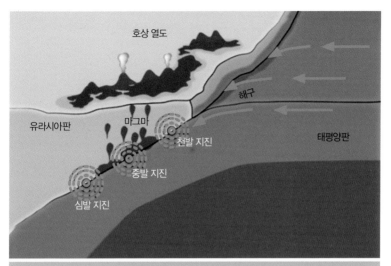

그림 2-23

해구를 통해 지판이 섭입한다는 강력한 증거는 해구 주변에서 일어나는 지진 분포이다. 해구 위에 놓인 지판 아래에서 지진이 발생하는데 해구에서 멀어질수록 지진의 진앙이 깊어진다. 지판이 각도를 이루고 침강하면서 주변 맨틀과 마찰이 일어나 지진이 발생하기 때문이다.

상대적으로 매우 낮다는 것이다. 이는 섭입대에 강력한 하강 기류가 있음을 의미한다. 즉 무언가 이곳에서 가라앉고 있다는 것을 의미한다. 또 다른 결정적인 증거는 바로 지진이다. 그림 2-23에서 보이는 바와 같이 해구에서 멀어질수록 지진이 일어나는 깊이가 깊어진다. 뭔가 딱딱한 물질이 지구 내부로 파고들어 가며 마찰을 일으키고 있다는 증거이다.

현재 지구과학에서 지판의 섭입을 통한 소멸이라는 가설은 매우 강력한 근거를 갖고 있다. 그런데 섭입되는 과정에서 일어나는 일들에 대해서는 아직 모르는 것들이 태반이다. 이 글에서 복잡한 주제들을 다룰 수는 없지만 섭입 작용을 통해 일어나는 일들 중 보편적으로 받아들여지는 것들에 대해 설명해보고자 한다.

호상열도와 배호분지

섭입 작용을 통해 일어나는 일들 중 강력한 것은 화산 폭발과 지진이다. 지진에 대해서는 다음에 알아보도록 하고, 우선 여기서는 화산활동에 집중하고자 한다. 화산 폭발에 대해 구체적으로 논하기 전에 섭입되는 지판이 어떤 상태인지에 대해 살펴볼 필요가 있다. 앞에서 말했듯 지판은 중앙해령에서 시작된다. 이 초기 상태의 지판은 아직 두께가 매우 얇고, 그 위에는 최근에 형성된 신선한 해양 지각이 덮고 있다. 해양 지각은 열수 및 해수와의 상호작용을 통해 점차로 변질되고, 지각의 위쪽은 점차 퇴적층으로 덮이게 된다. 지판은 중심축에서 멀어질수록 식어가며 점점 두꺼워지고 해양 지각 위에 쌓이는 퇴적층도 점차 두꺼워진다(그림 1-7).

지구 내부로 다시 파고들어 가는 지판은 이와 같이 위는 두꺼운 퇴적층으로 덮여 있고, 해양 지각은 변질되어 수분을 머금었으며, 맨틀 부분은 두꺼워져 그 아래 연약권 맨틀에 비해 차갑고 무거워져 있는 상태이다. 즉 두꺼워진 지판에 작용하는 중력이 아래 연약권이 떠받치는 부력보다 커지는 임계점을 넘으면 결국 지판은 연약권 맨틀 속으로 파고들어

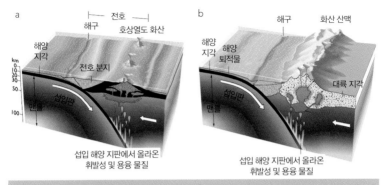

a 전호
해구 호상열도 화산
해양 지각
전호 분지
섭입판
맨틀
섭입 해양 지판에서 올라온
휘발성 및 용융 물질

b
해구 화산 산맥
해양 지각
해양 퇴적물
대륙 지각
섭입판
맨틀
섭입 해양 지판에서 올라온
휘발성 및 용융 물질

그림 2-24

호상열도 화산암이 생성되는 메커니즘. 섭입되는 지판이 일정 깊이 이상 침강하면 지판에서 물이 빠져나와 주변 맨틀의 녹는점을 낮추고 부분 용융이 발생하여 화산으로 분출된다. 해구와 호상열도 화산암 사이에 거리가 있는 것은 물이 지판에서 특정 압력 이상 되어야 빠져나오기 때문이다. a. 해양지판 위로 분출하는 호상열도. b. 대륙 지각 위로 분출하는 호상열도.

가라앉게 되고 주변 연약권 맨틀과 상호작용을 하게 된다(그림 2-24). 그런데 위에 덮여 있던 퇴적물은 지판과 더불어 지구 내부로 들어갈까? 퇴적물은 암석에 비해 밀도가 낮고 성글기 때문에 대부분 지구 내부로 들어가지 못한다. 지구 내부로 들어가지 못하고 표층에 남게 된 퇴적물은 해구에서 부가체Accretionary Prism라는 독특한 구조를 형성한다. 부가체 역시 섭입의 증거가 되는 셈이다. 그러나 일부의 퇴적물은 섭입 지판과 함께 지구 내부로 들어가며 맨틀의 조성을 변화시킨다.

해양 지각은 어떻게 될까? 해양 지각은 지판과 더불어 대부분 지구 내부로 들어간다. 그러나 섭입해 들어가는 깊이가 깊어질수록 고온·고압 상태에 놓이게 되고, 원래 현무암질의 상태를 유지하지 못한 채 변성을 받는다. 앞에서 서술했듯 해양 지각은 열수 작용에 의해 공급된 상당량의 수분을 머금고 있다. 특정 깊이에 다다르면 주변 압력에 의해 이 수분은 주변 맨틀로 뿜어져 나간다. 이 뿜어져 나온 수분에 의해 주변 맨틀의 녹는점이 낮아져 마그마가 다량 형성되고(그림 2-25), 이 마그마가 상승하여 섭입되는 '아래 지판' 위에 놓인 '윗 지판'을 뚫고 화산으로 분출된다(그림 2-24). 이와 같은 과정으로 형성되는 일련의 화산 활동을 호상열도 화산이라고 한다. 호상열도란 이름이 붙은 것은 화산들이 마치 원호 같은 형태로 배열되어 있기 때문이다(그림 2-24).

호상열도 화산암은 중앙해령 현무암과 여러 가지로 특성이 다르다. 중앙해령 현무암이 추가적인 열 공급 없이 맨틀이 상승하면서 일어나는 압력 강하로 만들어진 데 반해 호상열도 화산암은 물의 첨가에 의해 만들어진다는 점이 다르다(그림 2-25). 수분의 함량이 낮은 맨틀에서 형성된 중앙해령 현무암은 수분 함량이 낮은 반면, 물의 추가적 공급이 결정적 작용을 하는 호상열도 화산암에는 물이 풍부하다. 이것이 중앙해령 현무암이 조용히 분출되는 데 반해 호상열도 화산암은 강력하게 폭발하는 이유이다. 뉴스에 간간히 보도되는 강력한 화산 폭발은 대부분 호상열도 화산암들이다. 역사적으로는 폼페이의 멸망을 가져온 베수비오 화산 역시 호상열도 화산이다. 중앙해령 현무암과 호상열도 화산암은 화학 조성에서도 큰 차이를 보인다. 호상열도 화산암은 중앙해령 현

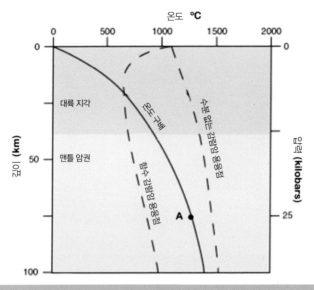

온도 ℃

온도 구배

수분 없는 감람암의 용융점

함수 감람암 용융점

A

대륙 지각

맨틀 암권

깊이 (km)

압력 (kilobars)

그림 2-25

대륙 지각 아래 맨틀의 깊이에 따른 온도 구배(실선), 물이 없을 시 고상선(온도 구배 오른쪽 파선), 물이 있을 때의 고상선(온도 구배 왼쪽 파선). 깊이에 따른 온도 구배를 유지한 상태에서 물이 공급되면 용융점이 낮아져 마그마가 생성될 수 있다.

무암과는 달리 대륙 지각과 유사한 성분을 나타낸다. 이는 대륙 지각이 호상열도 암석이 형성되는 것과 유사한 메커니즘을 통해 형성되었다는 것을 암시한다. 중앙해령에서 대규모로 형성되는 해양 지각에 비해 그 규모는 작지만 대륙 지각 역시 호상열도 화산활동을 통해 꾸준히 생성되고 있는 셈이다.

물을 뿜어낸 해양 지각의 운명은 어떻게 될까? 해양 지각은 암석권 맨

그림 2-26

에클로자이트: 석류석과 휘석(옴파사이트)으로 구성되어 있는 암석. 현무암이 고압 변성되어 만들어지며 밀도가 매우 높다.

틀과 함께 계속 지구 내부로 파고들면서 점점 더 고온·고압의 상태에 놓이게 된다. 어느 정도 이상의 깊이에 다다르면 해양 지각은 원래의 모습을 유지하지 못하고 에클로자이트 Eclogite(그림 2-26)라는 고온·고압에 안정한 형태의 암석으로 변화된다. 에클로자이트로의 변성이 일어난 후 해양 지각의 운명은 어떻게 되는 것일까? 이 문제 역시 지구과학계의 중요한 연구 주제이기도 하며, 이에 대해서는 다음 맨틀 플룸에서 간단하게 논의하고자 한다.

섭입대의 대부분은 서태평양과 북태평양의 대륙 가까이에 분포하고 있다. 동태평양에도, 남태평양에도, 대서양에도, 인도양에도 섭입대가 분포하기는 하지만, 그 규모는 북서태평양에 비해 매우 작다. 여기서 짚고 넘어가야 할 점은 섭입대와 중앙해령과의 관계이다. 앞서 논의했듯이 중앙해령에서 확장을 일으키는 힘은 밀도 차에 의해 연약권으로 파고들어 가는 지판의 중력이다. 따라서 지판의 당기는 힘이 강한 곳일수록 확

극지과학자가 들려주는 판구조론 이야기

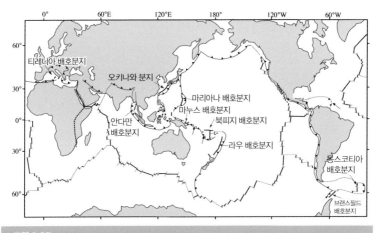

그림 2-27

현재 확장이 일어나고 있는 배호분지의 분포. 가장 긴 섭입대가 분포하는 서태평양에 주로 분포한다. 배호분지는 해저 확장은 일어나지만 판 전체가 갈라지는 것은 아니기에 판 내부 현상이다. 배호분지에서의 해저 확장의 지속 기간은 해령에 비해 짧다.

장 속도가 빠를 수밖에 없다. 실제로 고속 확장 중앙해령은 가장 긴 서태평양 해구의 반대편에 있다. 즉 서태평양의 긴 해구에서 작용하는 강력한 인력으로 확장 속도가 빨라진 것이다. 실제로 해구의 길이가 길어질수록 반대편 해령의 확장 속도가 빨라진다.

해구에서의 섭입 작용은 호상열도 외에도 중요한 해저 화산활동을 일으킨다(그림 2-27). 바로 배호분지 화산활동이다. 배호분지에서의 '호'는 호상열도를 지칭하며, 배호분지는 호상열도 뒤에 위치한 분지를 말한다. 분지는 아래로 가라앉은 평평한 지역을 지칭하는데, 이 배호분지에서도 중앙해령에서와 같은 해저 확장이 일어나는 점이 특이하다. 배호분지에서 일어나는 화산활동은 기본 메커니즘에서 중앙해령과 매우 유사하다. 즉 배호분지 중심축에서 지판이 갈라지면서 연약권 맨틀의 상승이 발생해 해양 지각이 형성되는 것이다. 배호분지는 지판 내부에서의 확장이기 때문에 판 경계로 분류하지는 않지만 서태평양 여러 곳에 위치하고 있어 그 작용은 매우 큰 편이다. 배호분지로서 가장 규모가 큰 것은 마리아나 해구 옆 필리핀판 위의 이즈-보닌-마리아나 호상열도 뒤에 위치한 마리아나 배호분지와 통가 해구 옆 통가 호상열도 뒤의 라우 분지이다. 그 외에도 서태평양에는 다양한 규모의 배호분지가 분포하고 있고 여기서 새로운 해양 지각이 형성되고 있다. 배호분지는 중앙해령만큼 장기적으로 작동하지는 않으며, 현재는 작동을 멈추었지만 과거 배호분지로서 해저 확장을 했던 곳도 많다. 한반도 동쪽에 위치한 동해도 현재 해저 확장이 일어나고 있지는 않지만 배호분지의 하나이다.

배호분지에서 해저 확장이 일어나는 이유는 무엇일까? 그 원인에 대한 논란은 끝나지 않았으나 대체로 호상열도의 화산활동이 발생하는 과정에서 윗 지판을 향해 맨틀이 상승할 때 생긴 맨틀의 흐름 때문에 해구가 뒤로 밀리는 현상Trench roll back으로 인해 발생하는 것으로 생각하고 있다(그림 2-28). 즉 해구가 섭입 방향과 반대로 새롭게 발생한 맨틀의 흐름 때문에 뒤로 밀리면서 위쪽의 지판을 벌어질 수 있게 하는 힘이 발생해 배호분지 확장이 일어난다는 것이다. 배호분지의 화산암들은 호상

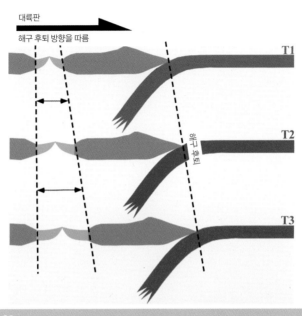

대륙판

해구 후퇴 방향을 따름

T1

T2

해구 후퇴

T3

그림 2-28

배호분지에서의 해저 확장이 일어나는 이유를 설명하는 한 모델. 배호분지에서 해저 확장이 일어
나는 원인은 논쟁이 많은 이슈이다. 여기 소개된 모델은 해구가 후퇴하면서 해저 확장이 일어난다
는 가설을 제시하고 있다.

열도 화산암과 중앙해령 현무암 사이에서 다양한 변이를 나타낸다. 호
상열도 화산암과 배호분지 화산암을 연구함으로써 지표에 있다가 지구
내부로 돌아간 물질들이 어떻게 거동하는지에 대한 정보를 얻을 수 있
다. 호상열도와 배호분지 화산암들에서 섭입해 들어간 해양 지각 기원
물질, 그곳에 존재하는 연약권 맨틀, 그리고 미량이나마 지구 내부로 들

어간 퇴적물의 흔적 등 다양한 성분들이 관찰된다. 배호분지 중심축 아래에서 일어나는 작용은 중앙해령과 유사점이 많기 때문에 열수 작용도 발생하며 열수 생태계 역시 형성된다.

3. 지판의 귀환: 판구조론과 맨틀 순환

앞에서 다시 지구 내부로 파고드는 지판의 운명에 대해 이야기했다. 그 과정은 200km 정도 깊이 내 맨틀 상부에서 일어나고 있는 과정에 국한되어 있다. 중앙해령은 어떠한가? 중앙해령에서 상승하는 연약권 맨틀이 고상선을 통과하는 깊이는 깊어야 100km를 조금 넘는 정도에 불과하다. 판구조 운동의 주체인 암권의 두께도 평균 100km에 불과하다. 앞서 말했듯이 맨틀의 범위는 해양의 경우 5km 정도의 깊이에서부터 2,900km까지 매우 크다.

그렇다면 200km에서 외핵에 이르는 2,900km까지에 이르는 영역에서의 맨틀은 어떤 활동을 하는가? 판구조론은 지구 표면 극히 일부만을 다루는 이론인가? 지구에서 가장 큰 부피를 차지하는 맨틀이 아직 미지의 영역인 것은 사실이다. 과학은 계속적인 혁신을 통해 발전해왔으므로 언젠가 판구조론을 넘어 맨틀 전체와 핵까지 아우르는 새로운 지구과학 이론이 탄생할지도 모른다. 판구조론 자체도 아직 탄생한 지 50여 년밖에 되지 않았기 때문에 발전의 여지가 많다고 볼 수 있다.

판구조론에서 다루는 많은 현상들이 지구의 최상층부에 주로 분포한다고 해서 판구조가 지구 내부의 운동과 무관한 것은 아니다. 지판의 섭입은 맨틀 상부에서 멈추지 않기 때문이다. 많은 논쟁이 있기는 하지만 대다수의 지구과학자들은 지판은 호상열도 화산활동을 일으킨 후에도 계속 지구 내부로 하강하여 맨틀과 핵의 경계까지 다다른다고 생

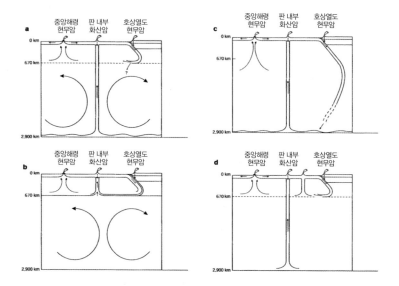

맨틀 순환 모델들. 맨틀은 느리긴 하지만 끊임없이 움직이고 순환한다. 670km를 경계로 맨틀은 광물 조성이 바뀌는데 670km 윗부분을 상부 맨틀, 그 아래를 하부 맨틀이라고 한다. a는 섭입된 지판은 상부 맨틀까지만 침강하고 판 내부 화산활동은 하부 맨틀과 핵의 경계에서 올라오는 맨틀 플룸에 의해 발생한다고 추정한다. b는 상부 맨틀과 하부 맨틀은 분리되어 거의 교류가 없다고 가정한다. 섭입 지판도 상부 맨틀에 머무르며 맨틀 플룸도 상부 맨틀의 현상인데 지판의 귀환과 연관이 있을 것으로 추정한다. c는 섭입된 지판이 하부 맨틀까지 내려가 핵과의 경계까지 다다르며 맨틀 플룸도 지판의 섭입과 관련 있을 것이라 추정한다. d는 일종의 혼합 모델인데 하부 맨틀과 핵의 경계에서 올라오는 지구 초기 조성을 유지한 맨틀 플룸의 존재도 인정하고 섭입된 지판이 상부 맨틀 레벨에서 다시 플룸으로 상승할 수 있다는 것도 인정하고 있다.

각한다. 그림 2-29는 맨틀 순환에 대한 몇 가지 모델을 정리한 것이다. 중앙해령과 섭입 과정에서 일어나는 작용들이 도식적으로 그려져 있고, 섭입된 지판이 도달하는 깊이와 운명에 대한 네 가지 가설이 도식적으로 요약되어 있다.

이 그림에서 플룸으로 표현되어 있는 부분에 대한 설명이 필요할 것 같다. 맨틀 플룸은 중앙해령과 호상열도-배호분지 화산활동과 독립되어 나타나는, 지판 내부의 화산활동의 원인으로 추정되는 맨틀의 상승 운동이다. 맨틀 플룸은 열점Hot Spot이라고도 불리는데, 끊임없이 움직이는 지판 아래 맨틀의 어떤 고정점에서 일어나는 지속적인 맨틀 상승을 말한다. 지판 내부의 화산활동 중 가장 유명한 예가 하와이 섬들인데, 그림 2-30을 보면 화산섬들이 지판의 이동 방향과 평행하게 배열되어 있음을 알 수 있다. 그 이유는 지판은 계속 움직이는 데 반해 맨틀의 플룸은 상대적으로 고정된 장소에 위치하고 있어서 지판이 이동해도 같은 자리에 화산활동을 일으키기 때문에 지판의 이동 궤적이 화산활동에 기록되는 것이다.

하와이 외에도 서태평양에 분포하는 다양한 해저산들을 비롯한 지구 곳곳의 화산활동이 맨틀 플룸에 의해 발생하고 있다. 맨틀 플룸에 의한 화산활동은 중앙해령에서의 화산활동, 호상열도 화산활동에 이은 세 번째 타입의 화산활동이다. 중앙해령에서의 화산활동, 즉 해양 지각의 형성 과정에서 발생하는 화산활동은 지판의 이동에 따른 연약권 맨틀의 수동적 상승에 의해 수반되는 압력 강하에 의한 부분 용융 때문에 일어나고, 섭입대의 호상열도 화산활동은 섭입 지판에서 주변 맨틀로 물의 공급에 의한 부분 용융에 의해 일어난다고 설명한 바 있다. 맨틀 플

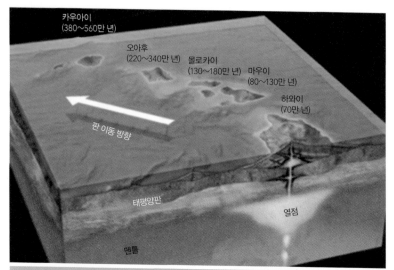

그림 2-30

대표적인 열점 화산인 하와이 제도. 열점으로부터 맨틀이 상승하면서 화산활동을 일으키는데 열점의 위치는 상대적으로 고정되어 있는 반면 지판은 계속 방향성을 갖고 움직이기에 판의 이동 경로에 화산활동이 기록된다.

룸 화산활동의 메커니즘은 무엇일까? 맨틀 플룸의 부분 용융과 마그마 생성은 부력에 의한 맨틀의 상승, 즉 맨틀의 능동적 상승에 의한 압력 강하에 기인한다고 정리할 수 있다. 맨틀의 상승 원인은 아직 풀어야 할 난제가 많지만 맨틀의 특정 부분이 자체 부력에 의해 상승하는 것으로 추정된다. 세 가지 타입의 화산활동은 모두 메커니즘이 다르며 화산암을 분석함으로써 이 메커니즘을 좀 더 정밀하게 밝혀낼 수 있다.

극지과학자가 들려주는 판구조론 이야기

다시 그림 2-29로 돌아가자. 이 그림에서 670km 부근에 점선이 그어져 있는 것을 발견할 수 있을 것이다. 670km가 중요한 이유는 이 깊이를 경계로 맨틀의 밀도가 불연속적으로 급격히 증가하기 때문이다. 맨틀도 깊어질수록 밀도가 증가하는 것은 당연할 것이다. 670km가 문제인 이유는 맨틀의 주 구성 광물인 감람석 계열의 광물이(이 깊이 직전에는 링우다이트라는 광물로 존재) 페르보스카이트라는 밀도가 매우 높은 광물로 전이되기 때문이다. 따라서 670km를 경계로 맨틀의 물리적 성질이 달라진다. 그래서 이 깊이를 기준으로 윗부분을 상부 맨틀, 아랫부분을 하부 맨틀이라고 한다. 지판이 지구 내부 어디까지 뚫고 들어가느냐의 문제는 과연 지판이 670km 이후 밀도가 급격히 증가한 하부 맨틀까지 뚫고 계속 하강할 수 있느냐의 문제가 된다. 이 문제에 대해 수많은 논쟁이 있었으나, 현무암이 변성되어 만들어진 에클로자이트는 하부 맨틀에서도 계속 하강할 수 있는 것으로 추측되고 있다.

맨틀 플룸은 어디에서 기원한 것일까? 위 그림에서 2-29a와 2-29b는 비교적 오래된 모델이다. a모델은 상부 맨틀은 판구조에 의하여 섞이는 반면, 하부 맨틀은 판구조 운동과 밀접히 연관된 상부 맨틀과 섞이지 않은 채 지구 초기에 생성된 맨틀의 상태와 조성을 유지하고 있다는 것이다. 맨틀 플룸은 이 하부 맨틀과 핵의 경계에서 올라오는 것이기 때문에 판 내부 화산암은 지구 초기에 형성된 맨틀에 대한 정보를 갖고 있을 것으로 추정된다. 이 모델의 경우 지판의 섭입은 맨틀 플룸에 아무런 영향을 미치지 않는다. 이 모델은 판 내부 화산활동이 처음 발견됐을 때 제시된 가설로서, 현재는 거의 받아들이는 사람이 없다. b모델은 맨틀 플룸은 기본적으로 상부 맨틀에서 올라오는 것인데, 670km 경계에서 하부 맨틀이 일부 섞여서 올라온다는 것이다. 이 모델은 섭입 지판이 맨틀 플룸에 영향을 주어서 다시 상부로 되돌아온다는 가설을 수용하고 있다. 두 모델 모두 상부 맨틀과는 분리된 채 지구 초기 상태의 조성을 유지하고 있는 하부 맨틀을 가정하고 있다.

a와 b모델이 과거의 모델로서 여러 가지 현상을 설명하기에 부족한 점이 많아 현재 잘 받아들여지지 않는 가설이라면, 2-29c와 d는 현재 논쟁의 핵심으로 떠올라 있는 모델들이다. c모델은 섭입된 지판이 계속 하강해서 맨틀과 핵 경계에 다다른 후 맨틀 플룸으로 다시 지상으로 돌아온다는 것이다. 이 모델에 따르면 판 내부 화산암은 지구 초기 상태의 맨틀에서 올라온 것이 아닌 섭입 지판의 순환물인 셈이다. d가설은 지판이 하부 맨틀까지 내려가 재순환될 수 있다는 가설을 인정하지 않는다. 그 대신 일부 플룸은 상부 맨틀 내에서 재순환된 섭입 지판이라고 인정한다. 그리고 이 모델은 하부 맨틀에서 순수하게 올라오는 맨틀 플룸도 인정한다.

어떤 가설이 맨틀의 순환을 가장 잘 설명할까? 이 문제는 아직 수많은 연구가 진행되고 있는 뜨거운 이슈이다. 그러나 판 내부에서 분출된 화산암을 분석해보면 지판을 구성하는 부분들에서 기원한 물질이 포함되어 있음을 확인할 수 있다. 섭입 지판이 지구 심부로 내려가 맨틀 플룸과 함께 다시 지상으로 돌아온다는 강력한 증거이다. 이와 같이 지각 아래 고체 상태인 맨틀도 마치 바다와 같이 순환을 한다. 앞서 말했듯이 판구조론은 맨틀 순환을 설명하는 이론이기도 한 것이다. 맨틀의 순환을 이해하기 위해서는 맨틀의 화학적 과정과 물리적 과정을 종합적으로 고려하지 않으면 안 된다. 그래서 맨틀의 순환을 연구하는 전문 분야를 화학동력학Chemical Geodynamics이라고 한다.

3장
판운동의 효과

앞 장에서 판구조 운동을 고체 지구의 순환이라는 거시적인 관점으로 그 작동 원리를 정리해보았다. 이 판구조 운동이 일으키는 효과는 전 지구적이다. 판구조 운동과 그 효과는 규모가 매우 크기 때문에 주변 환경 대부분이 판구조 운동과 관련되어 있음에도 불구하고 지각하기가 어렵다. 판구조 운동으로 인해 발생하는 지구의 다양한 현상들을 설명하는 것은 지구과학의 주요 임무 중의 하나이고, 현재 전 세계 여러 연구기관에서 진행하고 있는 연구들도 대부분 이것과 관련되어 있다. 여기서는 판구조 운동을 지각할 수 있는 미시적인 부분과 거시적인 부분 두 가지를 간단하게 설명함으로써 판구조론의 중요성에 대해 다시 한번 생각해볼 수 있는 기회를 만들고자 한다.

1. 미시적 효과: 지진

대한민국은 상대적으로 지진에 의한 피해가 큰 편은 아니지만 옆 나라 일본이나 중국, 대만을 보면 지진은 매우 심각한 자연재해 중 하나이다. 이런 지진도 물론 판구조 운동과 밀접하게 관련되어 있다. 현대 지구과학에서 지진은 딱딱한 물체가 힘을 받아서 변형되다가 그 변형의 정도가 어떤 한도를 넘어서는 순간 파괴되는 현상에 비유될 수 있다고 생각한다. 플라스틱 자를 구부리는 과정을 상상해보면 이해가 빠를 수 있다. 플라스틱 자를 구부리다 보면 어느 정도까지는 계속 구부러지다가 한순간 힘을 견디지 못해 결국 부러지는 것을 관찰할 수 있을 것이다.

판구조론에 따르면 지진도 이와 유사한 과정을 통해 일어난다. 지구 외각이 휘어지면 제자리로 돌아가려고 하는 특성을 갖고 있는 딱딱한 물질(앞서 말한 자와 같이)로 구성되어 있어 여기에 계속 힘이 가해지면서

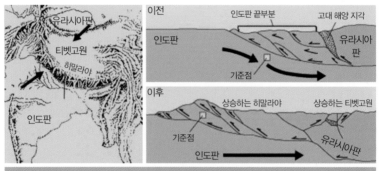

그림 3-1

히말라야 산맥은 유라시아 대륙과 인도가 충돌하면서 형성되었다. 이 충돌의 결과 형성된 고산지대와 대륙 분포 변화는 유라시아 기후와 환경에 결정적인 영향을 미쳤다. 기준점이 상승했음을 확인할 수 있다.

구부러지면 어느 순간 갑자기 파괴되어 지진이 발생한다는 것이다. 만약 지구 외부가 진흙같이 부드러운 것만으로 구성되어 있다면 어떨까? 적당한 수분만 있다면 힘이 가해지는 대로 변형은 될지언정 지진과 같은 급격한 파괴 현상이 나타나지는 않을 것이다. 다시 말해 지진은 지구 외각이 딱딱한 물질로 구성되어 있기 때문에 발생하는 현상인 셈인데 우리는 흙을 계속 파 들어가면 마침내 딱딱한 암반이 나온다는 것을 경험적으로 알고 있고, 지진은 이런 매우 단순한 경험적인 사실과 직접적인 연관이 있다는 것을 상기할 필요가 있다.

지진 다발 지역인 네팔, 일본, 인도네시아 등은 바로 지판이 소멸해가는 지역, 섭입대에 가깝게 위치해 있다(그림 3-1, 3-2). 섭입을 한다는 것

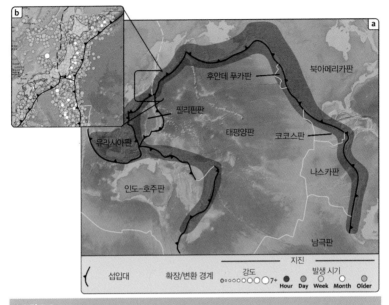

그림 3-2

환태평양 화산대(불의 고리) a. 붉은색으로 표시된 부분은 환태평양 화산대이다. b. 확대한 일본 지진활동 분포. 일본에서 지진과 화산활동이 잦은 이유는 섭입대 근처에 위치하고 있기 때문이다.

은 기본적으로 한 지판이 다른 지판 아래로 미끌어져 들어가는 것이다. 언급한 나라들은 아래로 섭입해 들어가는 지판이 아닌 윗 지판에 놓여 있다. 중력의 힘에 의해 강제로 섭입해 들어가는 지판은 그 위에 놓여 있는 지판에 강한 압력을 가하면서 다양하게 구부러뜨리는데 이 구부러짐이 갑자기 해소되면서 지진이 발생하는 것이다. 실제 지판에서는 이미 쪼개져 있는 약한 부분, 즉 단층이 이동하는 방식으로 가해졌던 힘을 해소한다. 즉 단층이 있는 곳에 지진이 일어날 가능성이 높은 것이다. 지각을 포함한 암권은 그 규모가 매우 크고 다양한 방식으로 쪼개져 있어 구조가 복잡하기 때문에 어느 단층이 갑자기 이동할지 예측하는 것은 매우 어렵다.

네팔과 일본의 지진

네팔과 일본은 모두 큰 지진이 잦은 지역이지만, 네팔은 산악 지대인 반면 일본은 섬이어서 환경이 확연히 다르다(그림 3-1, 3-2). 그러나 두 지역 모두 근처에서 지판이 침강해 들어가면서 가하는 압력을 받는다는 공통점이 있다. 일본의 경우 주변에 깊은 바다, 즉 해구가 분포하기 때문에 그곳으로 지판이 침강해 들어간다는 것을 비교적 쉽게 이해할 수 있다. 일본에서 지진과 더불어 화산활동도 잦은 이유는 섭입되는 지판이 윗 지판에 압력을 가할 뿐 아니라 화산도 일으키기 때문이다. 그런데 높은 히말라야 산맥 기슭, 인도와 아시아 대륙 사이에 놓인 네팔의 경우는 어디로 다른 지판이 침강해 들어가는 것일까?

중앙해령에서 형성된 지판이 계속 이동하다가 해구에서 소멸해가는 과정에서 지판 위에 대륙이 놓여 있다는 상황을 상상해보자. 지판 위에 놓인 대륙은 컨베이어 벨트에 놓인 짐짝처럼 지판을 따라 이동하다가 마침내 지판이 소멸해 들어가는 해구와 만나게 될 것이다. 그런데 대륙은 맨틀보다 가볍고 지판 위에 높고 넓게 퍼져서 붙어 있기 때문에 해구

극지과학자가 들려주는 판구조론 이야기

를 통해 맨틀로 들어갈 수 없다. 아래 지판은 계속 침강하면서 당기지만 대륙이 해구 입구에서 걸려버리게 되는 것이다. 대륙이 해구에 걸렸지만 지판은 침강하면서 계속 당기니 안으로 들어가지 못하는 대륙은 밀려서 솟아오를 것이요, 침강하는 아래 지판의 위 윗 지판은 대륙이 가하는 압력 때문에 해구 부근에서 붕괴될 것이다.

윗 지판 위에도 대륙이 놓여 있다면 결국 대륙들이 충돌을 일으키게 된다. 아래 지판은 가라앉으려고 하고 대륙들은 섭입대에 걸려서 저항을 하니 높이 솟구쳐 산맥을 형성하게 된다(그림 3-1). 이런 과정으로 만들어진 것이 바로 히말라야 산맥이다. 아시아 대륙과 인도 대륙 사이에는 잘 보이지는 않지만 침강하는 지판이 당기고 있고, 이 힘 때문에 히말라야 산맥은 지금도 조금씩 높아지고 있다. 아시아와 인도 대륙이 충돌하고 있는 지역에 위치한 네팔에서는 지진이 잦을 수밖에 없다.

위에서 묘사된 과정을 볼 때 대륙은 지구 내부로 가라앉아서 소멸하지 않는다는 것을 알 수 있을 것이다. 예를 들어 일본은 침몰할 수가 없다. 현재 추세를 보면 태평양은 계속 축소되고 있는 반면 대서양은 계속 넓어지고 있다. 아주 머나먼 미래 언젠가는 일본 주변의 해구를 통해 태평양판이 모두 섭입해 들어가 버리면 북미 대륙과 일본이 충돌하게 될지도 모를 일이다. 그때는 일본과 북미 대륙 사이에 히말라야보다 더 높은 산맥이 형성될지도 모른다(물론 이것은 매우 단순한 추측이고 향후 판운동이 어떻게 될지는 예상하기 어렵다). 지구의 역사를 보면 대륙은 분열되었다 합쳐지는 과정을 겪지만 결과적으로 조금씩 성장한다. 섭입 지판 위에 놓인 윗 지판에서 화산 활동을 통해 대륙 지각이 조금씩 만들어지고 있기 때문이다.

극지과학자가 들려주는 판구조론 이야기

2. 거시적 효과: 지구환경의 형성

앞에서 지구의 판구조가 해양과 대륙 지각의 형성, 대륙의 충돌과 균열, 화산활동과 지진 등 다양한 지구의 현상을 일으킨다는 것에 대해 설명했다. 지진의 효과는 비교적 잘 알려져 있으므로 이 절에서는 지구환경과 인류에 미치는 대륙의 균열과 충돌의 효과에 대해 간략하게 설명해보도록 하겠다.

대륙의 균열과 이동의 효과: 남극 환경의 형성

남극 대륙이 과거에는 생물이 살 수 있는 환경이었고 북극이 과거에는 해빙으로 덮여 있지 않았다는 사실은 지구도 인류와 같이 역사를 갖고 있었다는 것을 의미한다. 지구가 늘 현재의 모습과 같은 것이 아니라 과거에는 다른 모습이었고 계속해서 변화를 거듭한 끝에 현재의 상태에 다다랐으며 미래의 모습도 현재와는 다를 것이라는 의미이다. 앞에서 설명한 판의 이동에 따른 대륙의 이동, 대륙의 충돌과 산맥의 형성 등은 지구환경을 형성하는 가장 기초적인 조건이다. 판이 이동하면서 대륙이 이동하고, 대륙의 위치가 변하면 해류가 변하고, 지구가 태양빛을 반사하는 패턴이 변하며, 이에 수반하여 기후가 변하고, 생물들이 진화하고 변화한다. 판운동은 단순한 물리적인 운동이 아니라 지구 위 삶의 조건을 결정짓는다. 지구의 환경은 계속 변화하며, 그 일차적인 원인은 바로 판구조 운동에 있다.

그림 3-3

아프리카, 인도, 호주, 남미, 남극 대륙이 원래 하나의 대륙(곤드와나)으로 뭉쳐 있었다는 가설의 고생물학적 증거인 글로소프테리스 식물 화석. 이 식물 화석은 5개 대륙에 연속성을 갖고 분포한다. 남극대륙이 한때 온화했다는 증거이기도 하다.

20세기 초 남극점 원정에 나섰던 영국의 스콧 탐사대가 가져왔던 지질 시료 중에는 고생대 화석인 글로소프테리스 Gloss opteris가 포함되어 있었다 (그림 3-3). 남극 대륙에서 발견된 글로소프테리스 화석은 여러 가지 의미를 갖고 있는데, 기본적으로 남극 대륙이 과거에는 빙하로만 덮여 있지 않았고 식물이 성장할 수 있는 온화한 환경이었다는 것을 암시한다. 그리고 현재는 고립되어 있는 남극 대륙이 남반구에서 아프리카, 인도, 호주, 뉴질랜드, 남미 대륙과 하나로 뭉쳐 곤드와나라고 불리는 거대한 대륙을 이루고 있었다는 중요한 증거이기도 하다(그림 3-4).

그런데 왜 남극 대륙은 현재와 같이 99%가 빙하로 덮여 있는 혹독한 환경이 된 것일까? 일단 왜 현재의 남극 대륙이 두터운 빙하로 덮여 있는

극지과학자가 들려주는 판구조론 이야기

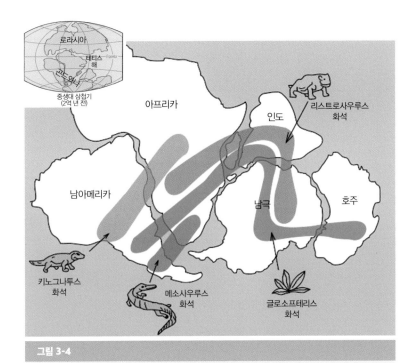

그림 3-4

아프리카, 인도, 호주, 남아메리카, 남극 대륙이 하나로 이어져 거대한 대륙을 이루고 있었다는 화석 증거들. 화석 분포에 연결성이 있음을 확인할 수 있다.

혹독한 환경을 유지하고 있는지에 대해 생각해볼 필요가 있다. 우선 남극 대륙이 남극점을 포함하는 고위도에 위치하고 있다는 사실이 중요하다. 위도가 높기 때문에 일조량이 상대적으로 작아 평균온도가 낮아질 수 있기 때문이다. 이것은 필요조건일 뿐 두터운 빙하와 낮은 온도를 설명하기 위한 충분조건은 되지 못한다.

남극 대륙의 혹독한 환경은 주변의 해류와 밀접한 관련이 있다. 남극 대륙의 지도를 보면 그 주변으로 태평양-인도양-대서양이 연결되어 있음을 알 수 있다. 저위도에서는 태평양과 인도양, 대서양과 태평양이 거대한 대륙을 경계로 가로막혀 있는데, 남극 대륙 주변에서만 이 대양들이 서로 연결되어 있다. 이 연결된 통로를 통해 남극 대륙을 중심으로 차가운 남극 순환류가 빠르게 흐르고 있다. 남극대륙을 감싸 돌고 있는 이 남극 순환류는 적도 지방의 따뜻한 해류가 남극 대륙까지 흘러들어 오는 것을 차단하는 역할을 한다. 무더위를 막아주는 얼음주머니와 같은 것이다.

즉 이 남극 순환류가 남극 대륙의 온도를 떨어뜨리는 결정적 역할을 하는 것이다. 남극 순환류가 계속 흐르면서 난류의 접근을 차단하고 대륙의 온도가 낮은 온도를 유지하기 때문에 남극대륙에 내리는 눈들이 녹지 않고 쌓여서 빙하가 유지된다. 빙하는 태양빛을 반사해 남극 대륙의 온도를 더 떨어뜨리는 방향으로 기여한다. 서남극과 동남극 대륙을 가르는 남극 횡단 산맥도 기류의 흐름에 영향을 주어 남극 대륙의 기온을 떨어뜨리는 데 중요한 역할을 하고 있는 것으로 알려져 있다.

남극 대륙의 혹독한 환경은 이와 같이 남극 대륙이 놓인 여러 가지 조건들이 상호작용한 결과인 것이다. 남극 대륙이 과거에 현재와 달리 온화한 상태였던 시절이 있다면, 그때는 지금과 조건이 달랐다는 것을 의미한다. 이 조건들이 과거에는 어떠했고, 왜 현재와 같은 상태로 된 것일

극지과학자가 들려주는 판구조론 이야기

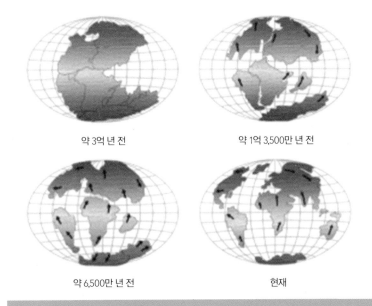

약 3억 년 전   약 1억 3,500만 년 전

약 6,500만 년 전   현재

그림 3-5

대륙의 이동. 약 3억 년 전까지 판게아로 하나로 뭉쳐 있던 대륙들이 쪼개져서 이동한 후 현재의 분포가 되었다. 대륙 분포 변화는 해류와 기후변화에 결정적인 영향을 준다.

까? 이 물음에 대한 답이 판구조 운동에 있다(그림 3-5).

　대륙은 약 2억 5,000년 전까지만 해도 지금과 같이 여러 개의 대륙으로 나뉘어져 있는 것이 아니라 판게아라는 하나의 대륙으로 뭉쳐 있었다. 판게아 중에서 북반구에 위치한 부분을 로라시아 대륙이라고 하고 남반부에 위치한 대륙을 곤드와나 대륙이라고 한다. 남극 대륙은 앞서 말했듯이 남반구에 위치했던 곤드와나라는 거대한 대륙의 구성원이었다. 식물 화석의 증거 외에도 남극 대륙과 주변 대륙의 지형만 살펴봐도 곤드와나와 같은 초 대륙의 존재를 가늠해볼 수 있다. 예를 들어 남극 대륙의 서북과 호주의 남쪽 해안선을 비교해보면 퍼즐과도 같이 잘 들어맞는다. 이와 같은 방식으로 남미 대륙, 아프리카, 인도, 호주, 남극 대륙은 해안선이 서로 잘 맞는다. 이렇게 하여 곤드와나 대륙을 만들어볼 수 있다.

그런데 화석 기록은 대륙의 균열과 이동을 입증하기에는 부족하다. 곤드와나 대륙이 있었고 균열되어 현재와 같은 배열이 되었다는 가설은 남극 대륙을 둘러싸고 있는 해양 지각에 기록된 자기 기록으로 입증할 수 있다. 해양 지각이라는 자기테이프를 거꾸로 돌려보면 쥐라기 말까지도 남극 대륙은 곤드와나의 한 구성원이었다. 공룡들이 번성했던 쥐라기에는 대부분의 대륙이 하나로 뭉쳐 있었던 것이다. 그런데 1억 2,000만 년 전, 즉 쥐라기 말부터 남극 대륙의 서쪽에서 남미 대륙, 아프리카, 그리고 인도가 떨어져 나가기 시작한다. 남미 대륙과 아프리카도 분리되고 멀어져가면서 대서양이 형성되고, 인도는 북진하면서 인도양을 형성한다. 남극 대륙은 이때도 거의 같은 장소에 위치하고 있다. 그러다 대서양과 인도양이 기본 형태를 갖추게 되는 8,000만 년 전, 즉 백악기 말부터 남극 대륙의 동쪽에서는 뉴질랜드가 떨어져 나가기 시작한다. 이때 남극 대륙과 호주의 균열도 시작된다. 뉴질랜드가 이후 빠르게 분리되는 것에 비해 호주는 매우 천천히 남극으로부터 떨어져 나가다가

극지과학자가 들려주는 판구조론 이야기

4,000만 년, 즉 신생대 초기가 되면서 좀 더 빠른 속도로 분리된다. 그러다 2,000만 년 전에 이르면 최남단 태즈매니아가 남극 대륙에서 떨어짐으로써 호주와 남극 대륙은 완전히 분리된다. 비슷한 시기에 남미 대륙의 최남단도 남극 대륙과 완전히 분리됨으로써 남극 대륙은 바다로만 둘러싸인 고립된 대륙이 된 것이다. 바다로만 둘러싸이게 된 남극 대륙 주변으로 남극 순환류가 흐르고, 이제 따뜻한 해류들과도 분리된다. 다른 대륙들은 점점 더 북진하면서 멀어지고 남극에 홀로 남은 남극 대륙은 점점 더 차가워져 가면서 쌓인 눈들은 녹지 않아 점차 두터운 빙하로 뒤덮이게 되는 것이다.

남극 대륙의 환경 변화는 남극 대륙 주변 퇴적물 연구를 통해 좀 더 구체적으로 확인해볼 수 있다. 남극 주변 바다 아래 쌓이는 퇴적층에는 해류와 해수의 온도 변화에 따른 생물군의 변화, 남극 대륙에 빙하가 쌓여가면서 나타나게 되는 빙하 퇴적물 공급의 역사가 기록되기 때문이다. 1977년 남극 대륙 주변에서 대규모의 해저 지각 시추가 진행되었고, 시기에 따른 생물군의 변화, 퇴적상의 변화, 빙하 퇴적물의 출현 시기 등이 면밀히 연구되었다. 그 결과 위에서 설명한 초대륙 곤드와나의 분열과 지판들의 운동, 남극 대륙이 고립되어가면서 나타나는 남극 환경 변화의 역사가 퇴적층에서 구체적으로 확인되었다.

그런데 여기에서 던져야 할 질문이 하나 있다. 곤드와나 대륙은 대체 왜 쪼개진 것인가? 아직 많은 논란이 있는 주제이긴 하지만 많은 과학자들은 이것이 맨틀 플룸의 힘 때문이라고 추정한다. 맨틀 플룸이 상승하면서 대륙의 하부를 때려 균열을 일으키고, 이에 수반된 대규모 화산 폭발이 일어났다는 것이다. 남극 대륙과 인도, 아프리카와 남아메리카 대륙의 갈라진 경계에는 이러한 대규모 화산활동의 흔적이 관찰된다. 즉 보이지 않는 지구 내부 맨틀의 거대한 흐름이 곤드와나 대륙의 아랫부분을 강타하면서 균열을 일으키고, 이에 수반되어 지판이 상호작용하는 힘의 패턴에 변화가 발생하여 깨어진 대륙의 조각들 대부분은 북쪽을 향해 이동해버리면서 남극에는 남극 대륙만 덩그머니 남게 된 것이다.

대륙의 충돌과 그 효과: 유라시아 대륙과 북극 환경의 형성

북쪽으로 이동해간 대륙들은 그후 어떻게 되었을까? 아프리카와 아라비아, 그리고 인도는 결국 유라시아 대륙의 서남부와 충돌한다. 바로 이 충돌을 통해 알프스-히말라야 산맥이 만들어졌다. 이러한 산맥들이 유라시아 환경에 큰 영향을 미쳤음은 두말할 나위가 없다. 특히 인도의 충돌은 아시아 대륙의 환경에 드라마틱한 변화를 가져왔다. 인도의 충돌은 히말라야 산맥만을 만든 것이 아니다. 곤륜 산맥이나 힌두쿠시 산맥과 같은 험준한 산맥 역시 만들었으며, 티벳 고원과 파미르 고원 같은 고지대도 만들어냈다.

고산준령들과 거대 고원들은 유라시아 대륙의 기후와 식생에 결정적인 영향을 미쳤다. 고산준령들과 고원이 바다에서 불어오는 수분 많은 공기를 차단함으로써 산맥 너머로는 물 공급이 부족해져 타클라마칸이나 고비 사막과 같은 사막이 만들어졌다. 고원에서 기원한 거대한 강이 중국을 가르고 흐르게 되는데, 이 강들이 바로 황하와 양자강이며, 농경 민족들의 활동무대가 됐다. 히말라야에서 발원한 갠지즈강과 인더스강은 인도 문명의 젖줄이다. 사막의 북쪽은 사막에 비해 상대적으로 강우량이 높아 거대한 초원지대가 펼쳐졌고 유목 민족의 활동무대가 되었다. 북반구 저위도에 위치하게 된 인도는 열대성 계절풍(몬순)이 형성되는 요인으로 작용해 동남아시아 쌀농사의 곡창지대를 만들어냈다.

북극해는 현재 해빙으로 덮여 있지만 결빙이 일어난 것은 불과 300만 년 전이었다. 북극해의 결빙 역시 대륙의 균열과 충돌에 수반되는 해류의 변화와 관련되어 있다. 판게아 대륙의 북쪽 부분인 로라시아 대륙이 균열된 것은 약 1억 7,500만 년 전인 쥐라기 때의 일이다. 이때부터 로라시아 대륙으로 뭉쳐 있던 유라시아 대륙과 아메리카 대륙이 갈라져 대서양이 형성되었고 대서양이 성장함에 따라 북극해도 서서히 형성되었다. 북극해는 로라시아 대륙의 북극권 부분이 갈라지면서 해수가 밀려들어가 형성된 것이다. 이렇게 형성된 북극해는 지금으로부터 약 300만 년 전이 되어서야 얼어붙기 시작한 것인데, 그때 어떤 일이 일어났던 걸까?

판게아가 단 하나의 대륙이었다면 대양 역시 하나일 수밖에 없다. 그 거대한 바다의 이름이 바로 판달랏사Panthalassa였다. 태평양의 전신이다.

로라시아 대륙이 갈라지고 대서양이 형성되면서 이 판달랏사, 즉 태평양은 조금씩 축소되기 시작한다. 그런데 500만 년 전까지만 해도 태평양과 대서양은 적도 부근에서 서로 통하고 있었다. 현재 남아메리카와 북아메리카의 경계인 적도 부근이 뚫려 있어, 대서양의 물은 태평양으로 태평양의 물은 대서양으로 흘러들어 갈 수 있었던 것이다. 그러다 북쪽으로 이동해가던 남아메리카 대륙이 파나마 운하 부근에서 북미 대륙과 충돌하면서 350만 년 전 쯤에 완전한 차단벽이 생겼다. 태평양과 대서양, 두 바다의 물이 더 이상 서로 통하지 않게 된 것이다.

이렇게 두 바다 사이를 가르는 대륙의 벽이 생기자 태평양과 대서양 바닷물은 다른 패턴으로 흐르기 시작했다. 지구 표면의 약 70%가 바다이기 때문에 지구의 기후는 결국 바다의 조건에 가장 큰 영향을 받는데, 이와 같은 해류의 큰 변화는 기후의 변화를 초래한다. 그 대표적 결과 중 하나가 바로 북극해의 결빙이다. 현재 해류와 기후 시스템은 대체로 300만 년 전부터 형성된 것이다.

태평양과 대서양의 물이 서로 차단되고 해류의 패턴이 변했는데, 왜 북극해가 얼어붙은 것일까? 태평양과 대서양 사이에 벽이 생기게 되면, 대서양의 적도 부근에서 태평양을 향해 흘러가던 바닷물은 이 벽에 가로막혀 북아메리카 대륙 동쪽 해안을 타고 북극해를 향해 흘러들어 가게 된다(멕시코 만류). 적도 지방의 바닷물은 햇빛을 많이 받기 때문에 온도가 상대적으로 높고 수분도 많이 증발되기 때문에 염분의 농도도 상대적으로 높다. 따뜻하고 염농도가 높은 적도의 바닷물이 상대적으로 차가운 북극으로 이동하면서 북극해의 대기 중에 상대적으로 많은 수분이 공급된다. 이 수분이 눈 또는 비가 되어 북극권에 내리면서 북극해의 바닷물이 더 묽어진다. 비와 눈이 많이 내리게 되자 북극권인 시베리아에서 북극해로 흘러들어 가는 강물의 양도 증가해 북극해 바닷물은 더 묽어지는 방향으로 변해간다. 바닷물이 묽어졌다는 것은 얼어붙기 쉬운 상태가 된다는 것을 의미한다. 바닷물이 얼어붙으면 햇빛을 더 잘 반사하기 때문에 온도는 더욱 떨어져 얼어붙는 속도가 가속된다. 북극해 해빙은 이와 같은 메커니즘을 통해 형성된 것으로 보고 있다. 이와 같이 보이지 않는 고체 지구의 거대한 순환이 우리의 삶의 조건에 결정적 영향을 미치고 있는 것이다.

4장

지구 최대의 미답지,
남북극 중앙해령의
수수께끼를 풀어라

판구조론은 실험실과 연구실에서만 만들어진 이론 체계가 아니다. 수많은 현장 탐사, 특히 해양 탐사를 통해 획득된 다양한 데이터들에 기반을 두고 만들어진 것이다. 이 장에서는 극지연구소에서 지난 약 10년간 수행했던 중앙해령 탐사 결과를 소개하고자 한다.

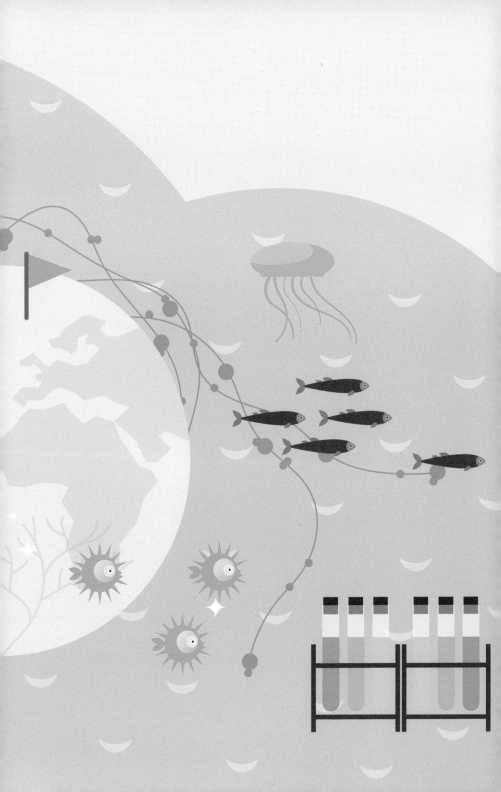

1. 극지 중앙해령

앞 장들에서 판구조론에 대한 일반적인 내용과 판구조 운동이 지구 환경에 미치는 영향에 대해 소개했다. 특히 3장 후반부에서는 판구조 운동이 현재 남북극 환경이 형성되는 데 있어 기본 원인 중 하나로 작용했다고 설명했는데, 여기서 눈여겨봐야 할 지점은 남북극에 중앙해령이 대규모로 분포하고 있다는 바로 그 사실이다. 주로 차가운 빙하로 상징되는 남극과 북극의 해저에 끊임없이 용암을 분출하는 어마어마한 규모의 화산이 분포하고 있다는 것은 흥미로운 사실이다. 남극 대륙을 둘러싸고 있는 중앙해령의 규모만 전체 중앙해령의 거의 3분의 1에 육박하며 북극 중앙해령의 경우 북극해 한복판을 관통해 대서양 중앙해령까지 이어져 그 길이가 1,800km에 달하기 때문에 전체 중앙해령에서 차지하는 비중이 매우 높다(그림 4-1, 4-2).

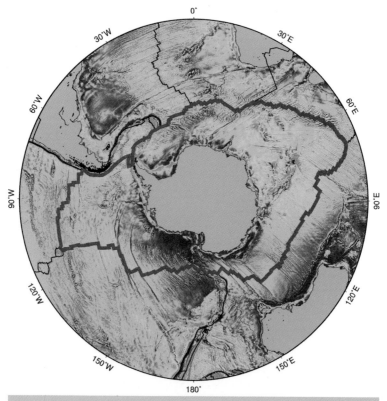

환남극 중앙해령. 남극 대륙은 중앙해령으로 둘러싸여 있다. 빨간 선이 중앙해령 중심축.

남북극에 분포하는 중앙해령들은 어떤 특성을 갖고 있으며, 남북극 환경에 미치는 영향은 무엇일까? 극지 중앙해령은 저위도나 중위도 중앙해령들과는 어떻게 다를까? 앞에서 중앙해령은 확장 속도나 아래 맨틀의 물리화학적 특성 차이 때문에 지역별로 다양한 양상을 나타낸다고 설명한 바 있다. 중앙해령의 지역별 특성과 그것이 갖는 의미는 개별 중앙해령들에 대한 탐사와 연구를 통해 밝혀져야 한다.

중앙해령이 처음 연구된 곳은 당연히 상대적으로 접근이 쉬운 저위도나 중위도 지역이었다. 중앙해령이 처음으로 발견된 중저위도의 대서양 중앙해령이나 동태평양 중앙해령을 대표적으로 많이 연구된 중앙해령들로 꼽을 수 있을 것이다. 태평양이나 대서양 중앙해령 연구들을 통해 해령에서 일어나는 많은 프로세스들과 지구환경에서 차지하는 역할 등이 밝혀졌고 중앙해령 연구에 대한 기초가 쌓였다. 반면 극지 중앙해령을 포함한 고위도에 위치한 중앙해령들에 대한 탐사는 아직 충분하지 않다. 인도양 중앙해령에 대한 연구도 태평양이나 대서양 중앙해령에 대한 연구에 비해 부족하며, 특히 극지 중앙해령들은 아직 미답으로 남아 있는 부분이 적지 않다. 적어도 중앙해령 전체에 대한 탐사가 완료되기 전까지 우리는 중앙해령이 전체 지구에 대해 갖고 있는 의미를 충분히 이해할 수 있는 자료가 확보되지 않았다고 할 수밖에 없다. 전체 중앙해령에 대한 기초적인 탐사가 만족할 만한 수준으로 완료됐을 때 중앙해령에 대한 연구가 다음 단계로 나갈 수 있을 것이다.

극지 중앙해령은 접근이 매우 어렵다. 이 장에서는 극지에 분포하는 중앙해령들의 특성을 정리해 과학적 이슈에는 어떤 것들이 있는지 간단하게 살펴보고자 한다. 그리고 마지막 절에서는 극지연구소에서 탐사를 계속하고 있는 남극 중앙해령인 호주-남극 중앙해령 탐사 결과를 소개하고자 한다.

북극 중앙해령: 미완의 가켈 해령 탐사

북극권은 남극과 달리 대부분이 바다이다. 이 바다 아래에는 해양 지각이 있으며 이를 만들어낸 중앙해령이 분포할 것이라고 쉽게 추론해볼 수 있다. 가켈 해령은 북극 해저의 많은 부분을 만들어낸 중앙해령이다. 총길이 1,800km에 달하는 가켈 해령은 북극해를 관통하면서 북극해의 해저 지각을 쉼없이 만들어내고 있다. 가켈 해령은 북극해를 관통한 후 그린란드 동편에서 레나 트로프를 만나고, 계속해서 키니포비치 해령, 모혼 해령으로 이어져 결국 아이슬란드를 지나면서 대서양 중앙해령과 연결된다. 북극점 남동부를 지나 북동쪽 시베리아 연안의 렙테브 해까지 연장되어 있다. 가켈 해령의 중요한 특징을 하나 들라고 한다면 가켈 해령이 초저속으로 확장하는 중앙해령이라는 사실일 것이다(그림 4-2).

가켈 해령은 북극점을 중심으로 동편과 서편으로 나눌 수 있는데, 서편 확장 속도는 14.6mm/yr이며 동쪽으로 갈수록 확장 속도가 느려져 약 6.3mm/y에 이른다. 현재 지구에 분포하는 대규모 중앙해령 중 확장 속도가 가장 느리다. 빙하로 덮여 있는 관계로 20세기 후반에서야 간헐적인 탐사가 시작되었는데, 2001년 미국과 독일이 'AMORE Arctic Mid-

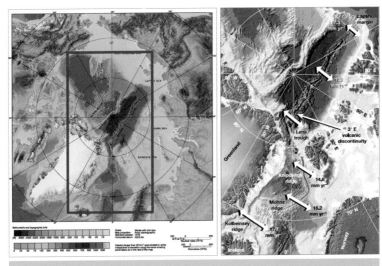

그림 4-2

북극권 중앙해령들. 가켈 해령, 레나 트로프, 키니포비치, 모혼, 콜베인시 해령이 분포함을 확인할 수 있다. 북극해를 관통하는 가켈 해령은 가장 느리게 확장하는 중앙해령이다.

Ocean Ridge Expedition 2001' 프로젝트를 통해 서편 가켈 해령에 대한 종합적인 탐사를 수행하였다. 연구 결과들은 2003년 《네이처》에 일련의 논문들로 게재된 바 있다.

가켈 해령에 대한 탐사 결과, 기존의 중앙해령에 대한 학설을 뒤엎는 새로운 사실들이 많이 발견되었다. 느린 속도로 확장하는 중앙해령에서의 열수 활동은 상대적으로 빈약할 것으로 예상되었으나, 예상외로 지금까지 탐사된 어느 중앙해령보다도 활발한 열수 활동이 관측되었다(그

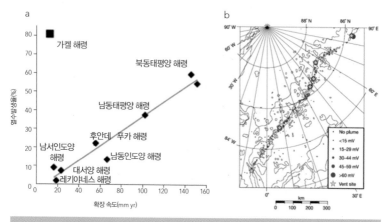

a와 b: 가켈 해령에서는 예상과 달리 활발한 열수 활동이 관측되었다. a를 보면 확장 속도가 빨라질수록 열수활동도 활발한 것이 일반적 경향이지만 가켈 해령의 경우 확장 속도가 가장 느림에도 열수활동이 매우 활발함을 알 수 있다. 가장 느리게 확장하는 중앙해령의 활발한 열수활동은 흥미로운 과학적 이슈이다.

림 4-3). 판구조론 이론사에 기록될 만한 중요한 발견도 이루어졌는데, 가켈 해령과 같은 초저속 중앙해령은 일반적인 중앙해령들과 다른 특성을 갖는다는 사실이다. 가켈 해령에서는 해양 지각이 전혀 형성되지 않고 맨틀이 바로 노출되는 구간도 있고, 적게나마 해양 지각이 형성되는 구간도 있음이 확인되었다. 남서인도양 중앙해령도 가켈 해령과 같이 초저속 확장 중앙해령인데 유사한 특성을 공유한다. 일부 지구과학자들은 가켈 해령과 같은 초저속 확장 중앙해령은 단순한 해령이 아니라 해령-섭입대-변환단층에 이은 네 번째 판 경계로 분류해야 한다고 주장하고 있다. 가켈 해령에서는 확장 속도와 맨틀 용융과의 관계, 북극해 아래 맨틀의 특성, 매우 느린 속도로 확장하는 중앙해령에서의 열수 활동 등에 대한 연구가 활발히 이루어지고 있다.

가켈 해령 탐사는 아직 완료되지 않았다. 현재 1,800km 중 서편 구간에 해당하는 절반만 탐사된 상태이다. 동편 구간은 아직도 미답의 상태로 남아 있다. 동편 구간은 서편 구간보다 확장 속도가 더 느린 것으로 알려져 있다. 동편 구간은 해령의 극단적인 케이스인지도 모른다. 많은 부분이 러시아 영해이며 해빙이 덮고 있어서 아직까지 미지의 영역으로 남아 있다.

레나 트로프는 가켈 해령과 북쪽에서 약 100도의 각도로 만나고 있으며, 남쪽 몰리딥Molly Deep을 경계로 키니포비치 해령과 만난다(그림 4-2). 이 중앙해령 역시 매우 느린 속도로 확장(13mm/yr)하고 있는데, 극단적으로 비스듬한 확장Oblique spreading을 하는 중앙해령으로 알려져 있다. 키니포비치 해령은 극지연구소 다산기지가 소재하고 있는 스발바르섬 서편에 분포하는 초저속 확장 중앙해령이다. 이 중앙해령 역시 아직 많은 탐사가 진행되지 않았으나, 1999년 일본이 러시아 쇄빙선을 임차하여 국제 공동으로 종합적 탐사를 수행한 바 있다. 탐사 결과 활발한 열수 작용이 확인되었다. 키니포비치 해령과 접한 남쪽에는 모혼 해령이 분포한다. 이 해령 역시 많은 부분이 미답의 상황이며, 키니포비치같이 저속으로 비스듬한 확장을 하고 있는 중앙해령이다. 아직 탐사되지 않은 가켈 해령의 동편 구간, 아직 탐사가 부족한 아이슬란드 북쪽의 해령 등에 대한 추가적인 탐사와 연구가 필요하다.

남극을 둘러싼 중앙해령: 환남극 중앙해령

남극 중앙해령은 남극권에 위치한 중앙해령을 지칭하는 용어인데 학계에서 자주 쓰이는 용어는 아니다. 남극권 중앙해령에 대한 연구가 많이 부족했던 탓도 있고 남극해에 대한 개념이 모호한 탓도 있었을 것이다. 대한민국에서는 남극해라는 용어가 널리 사용되지만 영어권에서는 '남쪽 바다Southern Ocean'라는 용어가 주로 사용되었는데, 최근까지도 지리학계에서 공인된 개념은 아니었다. 남극권의 바다는 태평양, 대서양, 인도양과 연속적으로 연결되어 있기에 그 경계가 모호하기 때문이다. 즉 남극 대륙 주변 바다일지라도 명시적 경계가 없으니 태평양보다 남쪽은 그냥 태평양, 대서양보다 남쪽은 그냥 대서양으로 명명해도 크게 혼돈이 일어날 일은 없었기 때문이다.

그러나 최근 2021년 남극해가 다른 대양과 구분되는 대양으로 지리학계의 공인을 받기에 이르렀다. 먼저 남극해는 대륙으로 서로 간에 명확하게 구분되어 있는 중저위도의 태평양, 대서양, 인도양과 달리 삼대양이 모두 연결되어 있는 유일한 대양이다. 그리고 남극해는 남극 순환류가 흘러 중위도나 저위도 해류와 해류 시스템이 다르다. 즉 남극해는 다른 삼대양과 구분되는 시스템을 갖고 있기 때문에 독자적인 대양으로 구분하는 것이 유용하다고 보는 지리학계의 판단은 타당하다고 생각한다. 필자 역시 남극해는 독자적인 시스템으로 다루는 것이 지구를 이해하는 데 유용하다고 생각해왔다. 지구 기후변화의 역사에서 늘 중요한 역할을 하고 있고, 기후 위기 시대에 남극해에 대한 해양학적 연구는 아무리 강조해도 지나치지 않기 때문이다. 그런데 남극해 아래의 중앙해령은 어떠할까? 남극해도 바다이고 그 아래에는 당연히 해양 지각이 있을 것이며, 그 해양 지각을 만들어낸 중앙해령이 있을 것이다. 그 중앙해령은 어떻게 분포하고 있을까?(그림 4-1)

앞장에서 설명했듯 남극 대륙은 원래 곤드와나라는 이름을 갖고 있는 거대한 대륙에 호주-뉴질랜드-남아메리카-인도 등과 한 덩어리를 이루고 있었다. 곤드와나가 균열된 이후 남극 대륙만 남극권에 남고 그 사이에 바다가 생기면서 다른 대륙으로부터 고립된 것이다. 남극 대륙과 다른 대륙들 사이에 위치한 바다, 그 바다 아래에 있는 해양 지각을 만들어낸 중앙해령이 존재할 것임은 판구조론의 관점에선 자명한 일이다. 남극 대륙을 둘러싼 바다가 상대적으로 젊으니, 남극 대륙을 둘러싼 중앙해령도 상대적으로 젊을 것임도 자명하다.

남극 대륙과 다른 대륙들 사이에 놓인 해양 지각을 만들어낸 해령을 환남극 중앙해령이라고 하기로 하자(그림 4-1). 환남극이란 말을 사용하게 되면 남극해의 영역 구분에 대한 정의에 구애받지 않고도 이 중앙해령을 정의할 수 있다. 남극을 남극점 한점으로 규정하든 남극 대륙과 남극해를 포괄하는 개념으로 사용하든 환남극, 즉 '남극을 둘러싼 해령'이라는 용어는 상태를 기술하는 데 부족함이 없기 때문이다. 실제로 환남극 중앙해령이 남극해 아래에만 위치하고 있는 것은 아니다. 사실 환남극 중앙해령의 많은 부분이 남극해의 구분선인 60도보다는 저위도에 위치하고 있다. 따라서 남극해의 개념이 모호했듯 남극 중앙해령의 개념도 모호한 면이 있었으나 환남극 중앙해령이라는 용어는 좀더 객관적인 사실을 잘 기술한다.

환남극 중앙해령에 속하는 해령들로는 태평양-남극 중앙해령, 남동인도양 중앙해령, 남서인도양 중앙해령, 호주-남극 중앙해령, 아메리카-남극 중앙해령 등을 들 수 있다. 남동인도양 해령과 남서인도양 해령의 경우 중앙인도양 해령과 연계하여 인도양 중앙해령으로 통칭하기도 한다. 태평양-남극 중앙해령은 이스터 미소판Micro Plate을 경계로 남동태평양 중앙해령과 연결되는 중앙해령이다.

확장 속도는 해저 지형에 가장 중요한 영향을 미치는 변수로 알려져 있는데 손톱이 자라는 속도 정도로 확장하는 중앙해령을 중속 확장 중앙해령(연간 40~60mm 속도로 확장), 그 2배 정도 빠르기인 경우를 고속 확장, 그 절반 정도인 경우를 저속 확장 중앙해령으로 분류한다는 것은 앞에서도 얘기한 바 있다. 고속 확장 중앙해령의 대표적인 경우는 동태평양 중앙해령이며, 저속 확장의 대표적인 경우는 남서인도양과 대서양의 중앙해령들이다. 환남극 중앙해령 중 남동인도양 중앙해령, 호주-남

극지과학자가 들려주는 판구조론 이야기

극 중앙해령, 태평양-남극 중앙해령이 대표적인 중속 확장 중앙해령들이다. 즉 환남극 중앙해령의 대부분이 중속 확장 중앙해령인 셈이다.

전 지구에 미치는 중앙해령의 작용을 온전히 이해하기 위해서는 환남극 중앙해령에 대한 탐사와 연구가 필수적이다. 환남극 중앙해령은 저위도나 고위도 중앙해령들에 비해 연구가 많이 되어 있지 않다. 미답지로 남아 있는 곳도 제법 있다. 그 이유는 중앙해령 연구 선진국들인 미국과 유럽에서 가장 멀리 떨어져 있어 접근이 쉽지 않았고, 무엇보다 거친 해황Sea Condition 때문에 탐사를 위해서는 대형 연구선이 필요하기 때문이다. 전체 중앙해령 규모에서 환남극 중앙해령이 차지하는 3분의 1이라는 비중으로 볼 때 환남극 중앙해령이 중앙해령은 물론 지구 시스템에 미치는 영향 역시 매우 클 것으로 예측해볼 수 있다. 환남극 중앙해령의 중요성을 아래와 같이 간단하게 정리해 볼 수 있다.

첫째, 해수의 조성과 순환에 대한 온전한 이해를 위해 환남극 중앙해령에서의 열수 분출구 분포와 특성이 규명되어야 한다. 그러나 현재까지 그 규모에 비해 환남극 중앙해령에서는 열수 분출구가 충분히 보고되지 않았다.

둘째, 환남극 중앙해령의 열수 생태계는 아직 미지의 영역이다. 기존의 연구 결과에 따르면 중앙해령의 열수 생태계는 열수 분출구에 따라 차이를 보이고 있다. 특히 태평양 내에서도 동태평양과 서태평양의 열수 생물 군집은 매우 다른데 동서태평양을 잇고 있는 호주-남극 중앙해령

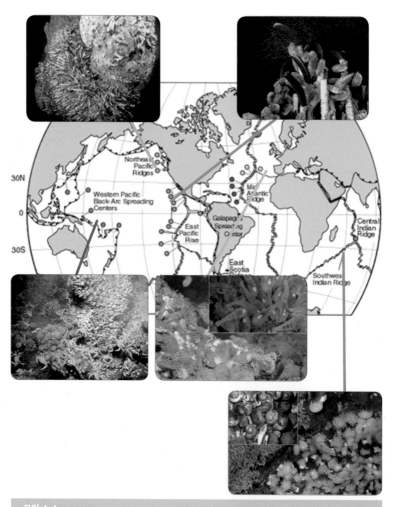

그림 4-4

다양한 열수 분출구에서 발견된 열수 생명체들. 적어도 6개 이상의 다른 군집이 있는 것으로 알려져 있다(Van Dover 등, 2020). 남극권 열수 생태계는 아직 미지의 영역이다.

극지과학자가 들려주는 판구조론 이야기

과 태평양–남극 중앙해령의 열수 생물 군집에 대한 정보가 없이 이 수수께끼는 풀릴 수 없다. 그러나 아직 극지연구소가 최근 발견한 두 종의 열수 생물 외에 방대한 영역의 환남극 중앙해령 열수 생물 군집은 알려져 있지 않다(그림 4-4).

셋째, 환남극 중앙해령은 대륙으로 단절되지 않고 전체적으로 연결되어 있기 때문에 이 중앙해령에서 분출하는 용암이 굳어져 만들어진 현무암에 대한 연구를 통해 남반구 맨틀의 진화와 순환을 연구할 수 있다(그림 4-1).

넷째, 많은 부분이 중속확장 중앙해령인 환남극 중앙해령은 확장 속도 외에 중앙해령의 해저 지형에 영향을 미치는 요인을 파악하기에 좋은 조건을 갖추고 있다. 예를 들어 중앙해령의 지형과 기후 변화와의 관계는 중속 확장 중앙해령에 대한 연구를 통해 밝힐 수 있을 것이다.

그러나 이 거대한 환남극 중앙해령을 모두 탐사하고 연구하는 것은 많은 시간을 요하는 일이다. 어느 지역을 최우선 순위에 두어야 할까?

2. 호주-남극 중앙해령에서의 과학적 발견들

환남극 중앙해령에 대한 탐사와 연구는 저위도와 중위도 해령에 비해 많이 부족한 편인데 그중에서 특히 탐사가 거의 진행되지 않은 곳이 바로 아메리카-남극 중앙해령과 호주-남극 중앙해령, 그리고 호주-남극 중앙해령과 태평양-남극 중앙해령 사이에 위치한 확장-균열대이다. 아메리카-남극 중앙해령은 남극판과 남아메리카판의 대서양 부분 경계에 해당한다. 이 해령의 동쪽 끝단은 대서양 중앙해령과 남서인도양 중앙해령과 삼중점으로 연결되어 있으며, 서쪽은 남극반도 부근의 스코티아판 섭입대 남단 끝과 연결되어 있다. 이 해령은 대서양 쪽 남극해에 위치하기 때문에 한국에서 보면 지구 반대편에 해당하는 셈이다. 세종기지가 있는 킹조지섬에서는 멀지 않기 때문에 세종기지와 연계해서 탐사하는 방법도 있겠지만, 현재 아라온호는 세종기지로 가는 경우가 매우 드물어 한국에서 탐사하기에는 매우 어려운 해령임에 분명하다.

호주-남극 중앙해령과 확장-균열대는 호주-뉴질랜드와 남극 대륙 사이의 중간에 위치하고 있다. 호주-남극 중앙해령 전체 길이는 약 2,000km에 달하며 많은 부분이 남극권에 위치하고 있다(그림 4-5). 호주-남극 중앙해령과 동쪽에서 만나며 태평양-남극 중앙해령의 서쪽과 연결되는 약 1,000km 규모의 확장 균열대는 가장 복잡한 지형을 가진 중앙해령이라고 볼 수 있다(그림 4-5). 그런데 왜 호주-남극 중앙해령과 확장-균열대에 대한 탐사는 전혀 이루어지지 않았던 것일까?

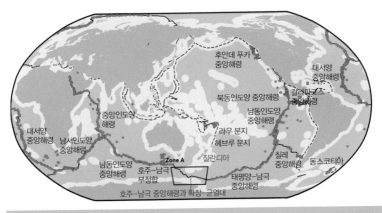

후안데 푸카
중앙해령

대서양
중앙해령

갈라파고스
중앙해령

북동인도양 중앙해령

중앙인도양
해령

남동인도양
중앙해령

대서양
중앙해령

남서인도양
중앙해령

라우 분지

헤브루 분지

칠레
중앙해령

동스코티아

질란디아

남동인도양
중앙해령

Zone A

호주-남극
부정합

태평양-남극
중앙해령

호주-남극 중앙해령과 확장-균열대

그림 4-5

중앙해령 분포에 시료 채취 위치를 표기한 지도. 주황색 원들은 시료채취 정점들이다. 그림의 아래쪽 네모 박스로 표시된 호주-남극 중앙해령과 확장-균열대에서는 한 번도 시료가 채취되지 않았음을 확인할 수 있다.

그 이유는 크게 보아 두 가지이다. 우선 중앙해령 연구를 선도해온 국가들로부터 거리가 멀기 때문이다. 중앙해령 연구를 선도해온 것은 미국과 유럽의 국가들인데 지도를 보면 호주-남극 중앙해령과 확장-균열대는 두 지역 모두에서 지구 반대편에 위치하고 있다. 미국과 유럽에서 멀지 않은 대서양이나 태평양에도 대규모의 중앙해령들이 분포하고 있기 때문에 거리가 가장 먼 해령 구간은 아무래도 탐사 우선 순위에서 밀릴 수밖에 없었다.

호주-남극 중앙해령이 위치한 바다의 해황이 매우 거칠다는 것도 중요한 이유이다. 이 해역에 접근해서 탐사가 가능한 시기는 남극의 여름인 12월에서 2월 사이로 제한된다. 겨울에는 단순 항해만도 쉽지 않다. 남극해는 여름에도 5~6m를 넘나드는 높은 파도가 빈번하기 때문에 6,000톤급 이상의 대형 연구선이 아니면 탐사가 힘들다. 호주-남극 중앙해령과 가까운 나라들인 호주와 뉴질랜드는 6,000톤급 이상의 대형 연구선을 보유하고 있지 않기 때문에 탐사를 할 수 없었던 것이다. 호주와 뉴질랜드의 북쪽에는 소형 연구선으로 탐사가 가능한 방대한 섭입대와 배호분지가 분포하고 있어서 해황이 나쁜 호주-남극 중앙해령이나 확장-균열대까지 탐사할 여력이 없었던 것이다. 그러나 중앙해령들에 대한 탐사와 연구가 쌓여갈수록 호주-남극 중앙해령 탐사의 필요성은 꾸준히 커져왔다.

호주-남극 중앙해령과 확장-균열대에 접근할 수 있는 기회가 생긴 것은 쇄빙연구선 아라온호의 취항 덕분이었다. 이 지역이 아라온호가 남극 하계 연구를 위해 매년 기항하는 뉴질랜드 남섬 크라이스트처치와 장보고 기지 사이에 놓여 있어 접근이 용이해졌기 때문이다. 또한 8,000톤급 쇄빙연구선인 아라온호는 웬만큼 거친 해황에서도 탐사가 가능하다. 전 지구 중앙해령 시스템 연구에 국제적 분업이 존재한다면, 호주-남극 중앙해령과 확장-균열대는 한국 담당일 수밖에 없다.

그런데 호주-남극 중앙해령과 확장-균열대 탐사와 연구가 왜 중요한 것일까? 단지 전체 중앙해령 시스템 내부의 미탐사 구간에 대한 공백 하나를 메꾸는 것 이상의 의미밖에 없는 것일까? 전 지구적 중앙해령 시스

극지과학자가 들려주는 판구조론 이야기

템에 대한 연구 자료가 상당히 축적되어 있는 현재, 호주-남극 중앙해령과 확장-균열대는 판구조론은 물론 지구 내부의 이해, 더 나아가 생물학 분야에도 획기적 발전을 가져올 수 있는 중요한 연구 대상 지역으로 부상하고 있다. 지구를 총체적으로 이해하기 위해 반드시 풀어야 할 핵심 퍼즐 중 하나인 것이다. 이 미지의 퍼즐은 2011년 이후 진행되어온 극지연구소의 탐사와 연구를 통해 인류에게 그 비밀을 서서히 드러내고 있는 중이다. 극지연구소의 탐사와 연구를 통해 얻은 연구 성과들을 소개하면서 이 지역 탐사와 연구가 왜 중요한지, 남아 있는 과제는 무엇인지에 대해 설명해나가고자 한다.

호주-남극 중앙해령의 지형적 특성

호주-남극 중앙해령의 총길이는 약 2,000km인데 변환단층들 사이로 4개의 두드러진 확장 구간이 계단식으로 배열되어 있는 지형적 특성을 나타낸다(그림 4-6). 극지연구소 중앙해령 연구팀은 이 4개의 확장 구간들을 탐사하여 남에서부터 북으로 차례로 KR1-KR4라고 명명하였다. 이중 KR1과 KR2에 대해서는 2011년에 2회(3월과 12월에 탐사), 2013년에 1회 등 총 3회에 걸쳐 지형도 작성, 시료 채취, 열수 분출구 탐사를 진행한 바 있다. KR3와 KR4에 대해서는 2017년 1월에 진행한 탐사를 통해 시료 채취를 진행했고 개략적인 지형도 작성에도 성공한 바 있다. 이와 같은 4차례의 탐사를 통해 호주-남극 중앙해령의 4개

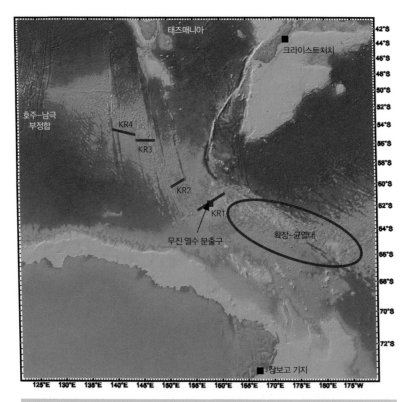

그림 4-6

극지연구소 중앙해령 연구팀이 세계 최초로 탐사한 호주-남극 중앙해령 4개의 확장 구간. 남에서 부터 북으로 차례로 KR1, KR2, KR3, KR4라 명명하였다. 무진 열수 분출구는 극지연구소가 남극 권 해령에서 세계 최초로 발견한 열수 분출구이다.

구간들에 대한 기초적인 자료를 확보할 수 있있다. 그리고 2019년 12월 과 2021년 11월에 각각 완전히 미지의 상태였던 확장-균열대에 대한 탐사를 진행, 이 지역의 특성을 세계 최초로 파악할 수 있었다(그림 4-6).
KR3와 KR4에 대한 정보는 아직 충분치 않고, 엄청난 규모와 복잡한 지
형을 자랑하는 확장-균열대는 두 차례의 탐사를 통해 그 독특한 특성
을 파악하는 데 성공했으나 아직 가야 할 길은 멀다고 볼 수밖에 없을
것 같다.

이 책에서는 호주-남극 중앙해령과 확장-균열대 전체 중 현재 가장
많은 연구가 진행된 KR1과 KR2에 대한 연구 결과들을 소개하고자 한
다. 그림 4-7a와 b는 각각 KR1과 KR2의 해저지형도이다. 이런 해저지형
도는 어떻게 만드는 것일까? 대륙의 경우 직접 측량을 하거나 요즘같이
기술이 발달한 시대에는 항공기나 위성을 통해 측량을 하고 지형도를
만든다. 그러나 직접 측량이 거의 불가능한 해저의 지형도는 배에서 해
저면을 향해 음파를 쏜 다음 이 음파가 반사되어 돌아올 때까지의 시간
을 측정해 수심을 계산한다. 수심이 깊어질수록 반사해 돌아오는 시간
이 길어질 것이다. 그런데 음파를 단 하나만 쏜다면 넓은 지역의 해저 지
형도를 만드는 데 너무나 많은 시간이 걸릴 것이다. 다행히 현대에는 다
중빔, 즉 동시에 음파를 여러 개 쏘는 수심 측량장치가 발달해 있어 여러
포인트의 수심을 동시에 측량할 수 있다. 이 해저지형도는 아라온호에
설치되어 있는 중빔 음향측심기Multi Beam Echo-Sounder를 활용해 만들어
졌다는 사실을 먼저 언급하고 넘어가고자 한다.

KR1은 약 300km 길이로 호주-남극 중앙해령을 구성하는 4개의 구

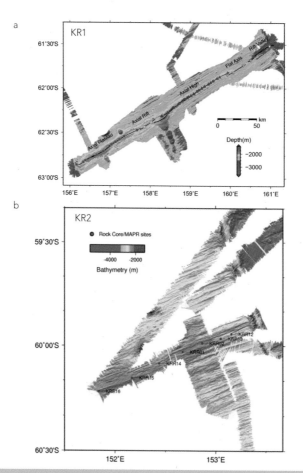

KR1(a)과 KR2(b) 해저 지형도. 모두 중속 확장 중앙해령이지만 지형은 매우 다르다. 중심축 위 도형들은 시료 채취 위치.

극지과학자가 들려주는 판구조론 이야기

간 중 가장 길다. KR1은 두 개의 변환단층 사이에 놓여 있는 1차 구간인데, 300km에 달하는 긴 구간임에도 확연한 중심축 겹침이 나타나지 않고 소규모의 불연속에 의해 구분되는 3차 혹은 4차 구간만 관찰된다. 반면 수심의 변화는 큰 편이어서 중심부는 2,000m 미만인 데 반해 동편의 깊은 곳은 3,000m에 달한다. 1차 구간에서 나타나는 1km 이상의 수심 변화는 매우 큰 편이다. KR1은 1년에 약 7cm 확장하고 있기 때문에 중속 확장 중앙해령에 해당한다. 2장에서 중속 확장 중앙해령은 고속 확장 중앙해령의 솟아오른 지형과 저속 확장 중앙해령의 계곡 형태 지형 사이에서 다양한 스펙트럼을 보여준다고 언급한 바 있는데, KR1의 경우 수심이 깊은 동쪽 부분을 제외하면 대체로 고속 확장 중앙해령과 비슷한 형태를 띤다(그림 4-7a).

KR1이 왜 고속 확장 중앙해령과 비슷한 지형을 나타내며 구간 내 수심차가 이렇게 클까? KR1 구간 내부에서 확장 속도 차가 크지 않다는 것을 감안하면, 그것은 확장 속도 외 다른 요인이 해양 지각 형성 과정에 작용했을 수 있다는 것을 암시한다. 아마 맨틀의 활동과 관련되어 있을 것으로 추정되며 관련 연구가 진행 중이다. KR1은 해양 지각이 형성되는 과정을 보다 구체적으로 이해하는 데 중요한 연구 대상으로 판단된다.

KR2 역시 두 단층 사이에 놓인 1차 구간인데, 전체 길이가 100km 정도로 KR1보다 짧다. 또한 KR2 역시 중속 확장으로 KR1과 비슷한 확장 속도를 보이지만 지형은 상당히 다르다는 것을 발견할 수 있다(그림

4-7b). 수심이 KR1보다 깊으며 KR1에서와 같이 중심축 부분이 부풀어 있지도 않다. 그런데 중속 확장 중앙해령의 지형이 다양한 스펙트럼을 보여주는 이유는 무엇일까? 역시 확장 속도 외에 다른 요인, 즉 그 아래 분포하는 맨틀의 기원이나 활동과 관련이 있을 것으로 판단하고 있다.

심해저 구릉과 빙하기-간빙기 주기

KR1과 KR2의 중심축 주변 저면 지형도도 흥미롭다. 그림 4-8을 보면 해저면이 물결 모양의 굴곡면임을 확인할 수 있다. KR1과 KR2 주변 해양 지각뿐 아니라 전 지구의 해양 지각은 중앙해령에서 만들어진 현무암질 암석으로 구성되어 있는데, 그 표면은 마치 슬레이트 지붕 같은 구릉 지형Abyssal Hill이 규칙적으로 나타난다. 지구의 70%가 해양 지각으로 덮여 있으니 심해저 구릉은 지구 표면을 대표하는 지형이라고 볼 수 있을 것이다. 이러한 해저 구릉은 해양 지각 탐사 초기에 발견되었으나, 구릉이 형성되는 원인은 지구과학계의 미스터리 중 하나였다.

그런데 2011년 수행된 지형 조사 결과 KR1과 KR2 주변의 해양 지각, 특히 상대적으로 길게 획득된 KR2 남쪽 해양 지각의 해저면 구릉의 주기가 흥미롭게도 빙하기-간빙기 사이클과 일치한다는 사실이 발견되었다(그림 4-9). 해양 지각은 중심축에서 형성되어 확장 속도에 비례하여 점차 멀어지기에 중심축에서부터의 거리는 해양 지각의 연령을 나타낸다. 따라서 확장 속도와 중심축으로부터의 거리를 사용해 해양 지각

극지과학자가 들려주는 판구조론 이야기

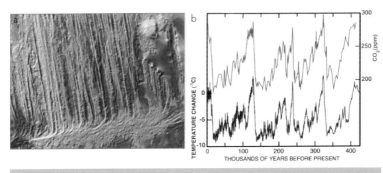

그림 4-8

해저 지형과 빙하기 간빙기 순환. a. 해저 지형도, 해저면 구릉이 관찰된다. b. 40만 년 이후 빙하기-간빙기 순환과 CO_2 농도 변화.

의 나이를 계산할 수 있다. 예를 들어 1년에 5cm 확장한다면 10년이면 50cm, 10만 년이면 약 5km 정도 중심축으로부터의 거리가 생긴다. 이런 방법으로 해저면 구릉들이 형성되는 주기를 계산해볼 수 있다. 이와 같은 방법으로 계산한 주기가 빙하기-간빙기 주기와 유사한 패턴을 보인다는 것이다. 그런데 빙하기-간빙기 사이클은 대기와 해양 상태의 주기적 변화인데 이것이 어떻게 딱딱한 현무암 돌덩어리에 새겨져 있는 지형과 관련이 있을까? 단순한 우연의 일치일까? 아니면 어떤 인과적인 관계가 있을까?

여기서 빙하기-간빙기 사이클이 왜 발생하며 지구의 대기와 해양에 어떤 변화를 가져오는지에 대해 간단히 살펴볼 필요가 있다. 빙하기-간빙기 사이클이 발생하는 일차적 원인은 대체로 지구의 자전과 공전에서

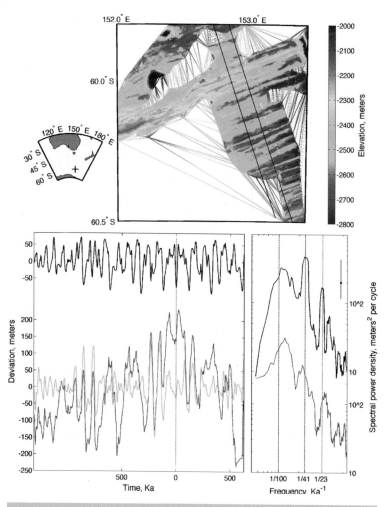

그림 4-9

KR2 남쪽 지형도의 해저면 구릉 주기와 빙하기-간빙기 사이클이 일치한다.

극지과학자가 들려주는 판구조론 이야기

찾을 수 있다. 지구 자전축은 약 23.5도 기울어져 있어서, 약간 기울어진 팽이의 축이 회전하듯이 회전운동을 하는데 이를 세차 운동이라고 한다. 그리고 자전축의 기울기도 23.5도로 고정되어 있는 것이 아니라 커졌다 작아졌다를 일정 주기로 반복한다. 지구가 태양의 주위를 도는 공전 궤도의 찌그러진 정도, 즉 이심률도 변한다. 지구의 자전과 공전 궤도의 주기적 변화 때문에 지구에 공급되는 태양 에너지의 총량과 분포에도 변화가 나타난다. 이러한 일조량 변화의 효과는 대륙이 많이 분포하는 북반구에서, 특히 여름에 크게 나타난다. 암석인 대륙은 물인 바다에 비해 일조량 변화에 따른 온도 변화를 더 크게 겪고, 그 효과는 일조량이 큰 여름에 커지게 된다. 일조량 변화에 수반되는 여름철 북반구 대륙들 반응이 대기-해양 흐름의 변화를 유도하여 빙하기와 간빙기의 순환이 나타나게 된다는 것이다.

사실 이 과정은 매우 복잡하고 아직 많은 과학적 문제가 풀리지 않았지만, 여기서 중요한 포인트는 빙하기에는 빙하가 거의 적도까지 덮을 정도로 빙하량이 많아지고 간빙기에는 빙하량이 극지방의 영역으로 현저히 줄어든다는 간단한 사실이다. 이것은 빙하기에는 많은 양의 물이 빙하 상태로 존재하기 때문에 해수면이 하강하는 반면, 간빙기에는 이 빙하가 다시 녹아 바다로 흘러들어 가 해수면이 상승한다는 것을 의미한다. 빙하기-간빙기 주기에 따른 전 지구적인 평균 해수면의 높이 변화는 100m 이상이라는 것이 많은 조사 결과 밝혀져 있다. 이와 같이 해수면 높이의 변화는 해수 총량에 주기적 변화가 있다는 것을 의미한다. 이러한 해수 총량의 변화는 중앙해령 등 해저면에 가해지는 해수 압력의 주기적 변화 역시 수반하게 된다. 이와 같이 중앙해령에 가하는 해수의 압력 변화가 중앙해령에서 해양 지각의 형성에 영향을 미칠 수 있을까?

여기서 중앙해령에서 해양 지각이 만들어지는 과정을 다시 정리해보도록 하자. 해양 지각은 지판이 벌어짐에 따라 중앙해령 아래 맨틀이 상승함과 동시에 주변 압력이 낮아져 맨틀의 부분 용융이 발생하고 그 결과 형성된 현무암질 마그마가 중앙해령 중심축을 통해 분출되면서 형성된다. 해양 지각의 두께, 지형, 화학 조성 등 기본적인 특성들은 상승하는 맨틀의 온도와 화학 조성, 그리고 중앙해령의 확장 속도에 크게 영향을 받는다. 해양 지각은 이 다양한 변수들이 상호작용하면서 각 변수들의 상황에 따른 기여 정도의 차이에 의해 그 특성이 결정되는 것이다. 해수면 변동이 영향을 미칠 수 있는 부분은 바로 압력이다. 빙하기 기간에는 해수 총량이 감소하면서 해수면이 하강하고 해저면에 미치는 압력이 감소하면 맨틀이 더 많이 상승해 많은 양의 마그마가 형성된다. 간빙기에는 반대로 해저면에 가해지는 압력이 증가하면서 맨틀이 덜 상승해 상대적으로 더 적은 양의 마그마가 형성된다. 해양 지각의 두께는 마그마 총량에 비례하기 때문에 해수면 변동은 해양 지각의 두께에 영향을 줄 수 있다. 빙하기-간빙기 사이클이 해수면 변동과 연동되면서 중앙해령에서 형성되는 마그마 총량 변화에 영향을 주어 딱딱한 현무암질 지

극지과학자가 들려주는 판구조론 이야기

각에 굴곡의 형태로 아로새겨지게 된다는 것이다. KR1과 KR2 해저지형 연구를 통해 해저면 굴곡에 빙하기-간빙기 순환이 기록되어 있음이 밝혀졌으며, 그 기록되는 메커니즘도 설명할 수 있게 되었다. 이 결과는 2015년 세계적인 과학잡지《Science》에 게재되었다.

이러한 과정은 레코드판 굴곡에 음악이 기록되는 것에도 비유될 수 있다. 판구조론 정립 초창기, 중앙해령 주변 해양 지각에 지구 자기장 변화가 기록되어 있다는 사실이 발견되어 카세트 테이프에 음악이 기록되는 과정에 비유되었던 것과도 유사하다고 볼 수 있다. 해양 지각에 기록된 지구 자기장 변화가 판구조론 정립에 결정적인 역할을 하는 등 지구과학에 혁명적인 변화를 가져왔듯이, 빙하기-간빙기 사이클이 레코드판과 같이 해양 지각에 기록되는 현상도 지구의 이해에 획기적인 진전을 가져올 것으로 예상된다.

여기서 짚고 넘어갈 문제가 있다. 왜 이러한 발견이 하필 호주-남극 중앙해령에서 처음으로 이루어진 것일까? 그것은 호주-남극 중앙해령이 대표적인 중속 확장 중앙해령이기 때문이다. 중앙해령은 해저 확장 속도에 따라 다양한 특성을 나타내는데, 대체로 확장 속도가 빠를수록 생성되어 분출되는 마그마의 양이 증가한다. 호주-남극 중앙해령의 경우 중간 정도의 속도로 확장하기 때문에 마그마의 분출 역시 중간 규모이고, 확장 속도 외 다른 변수들이 미칠 수 있는 부분이 상대적으로 컸던 것이다.

고속 및 저속 확장 중앙해령들의 경우 확장 속도가 해저지형에 결정적인 영향을 미치기 때문에 해수면 변동에 따른 마그마 생성 분출량 변화가 잘 기록되지 않는다. 확장 속도가 너무 빠를 경우 해수면 변동에 의해 유도된 마그마의 양이 차지하는 비중이 낮아 기록이 불분명해지고, 확장 속도가 너무 느리면 마그마의 부족으로 기록 자체가 잘 되지 않는다. 특히 저속 확장 중앙해령에서 형성되는 해양 지각의 해저구릉은 해령에서의 단층활동에 크게 영향을 받는다. 결국 환남극 중앙해령 중에서 호주-남극 중앙해령과 태평양-남극 중앙해령 같은 중속 확장 중앙해령은 기후 변화와 중앙해령의 상호작용을 연구하는 데 최적의 조건을 갖고 있다고 볼 수 있다. 쇄빙연구선 아라온호를 보유하고 있는 대한민국 연구자들에게 향후 많은 기회가 열려 있는 셈이다.

정리해보면, 지구의 자전과 공전이 주기적으로 변화하면서 지구에 공급되는 태양 에너지 양이 변화하고 대륙과 해양이 이에 반응하여 빙하기-간빙기 사이클이 일어난다. 이 과정과 연동되어 있는 해수 총량 변화가 중앙해령에서 형성되는 마그마 총량 변화를 수반하고, 그 과정이 해양 지각에 기록된다. 이 연구 결과의 획기적인 면은 무관해 보이는 현상 간에 인과관계가 있음을 현장 자료와 수치 모델을 통해 과학적으로 밝혀낸 데 있다. 중앙해령 마그마 총량 변화 역시 단순한 수동적 과정이 아니라 역으로 지구 기후변화에 피드백 작용을 할 수 있을 것으로 추측된다. 향후 흥미로운 연구과제가 걸려 있는 주제라고 볼 수 있다.

극지과학자가 들려주는 판구조론 이야기

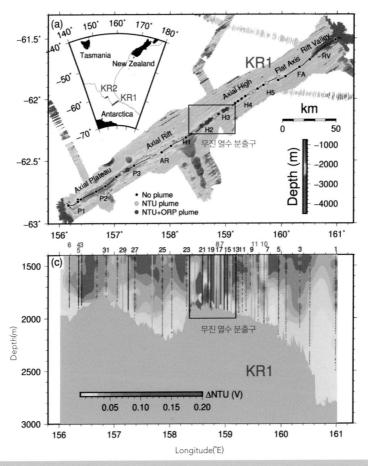

그림 4-10

무진 열수 분출구 위치. 열수 탐사 결과 중심축의 중간 부분에 열수 분출구가 위치함을 확인했다.
a. 초록색 원과 빨간색 원이 열수가 있을 가능성이 있는 위치인데 중심축 중앙 부분에 몰려 있음을
확인할 수 있다. b. 중심축 탁도(NTU, nephelometric turbidity unit) 분포도. 탁도가 높은 지역이 열
수 분출 후보 지역이다. 중심축 중앙에서 탁도가 높다.

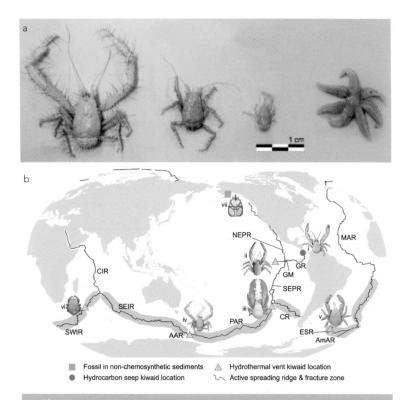

Fossil in non-chemosynthetic sediments △ Hydrothermal vent kiwaid location
Hydrocarbon seep kiwaid location ∿ Active spreading ridge & fracture zone

그림 4-11

a. KR1에서 채취한 '키와 게'와 '일곱 다리 불가사리'. 이 열수 생물들은 다른 환남극 중앙해령에서 발견된 것과 유사성이 높았다(b). 남극권에 독자적인 열수 생태계가 존재할 가능성이 높다.

열수 분출구 그리고 신종 열수 생명체: 열수 생명체의 중요성

호주-남극 중앙해령 탐사에서 빼놓을 수 없는 성과 중 하나는 남극 권 해령에서 세계 최초로 열수 분출구 분포 지역을 발견하고 열수 생물

채취에 성공한 것이다(그림 4-10, 4-11). 1977년 동태평양 갈라파고스 중앙해령에서 최초의 열수 분출구와 열수 생명체가 발견된 이래 중저위도 중앙해령과 서태평양 배호분지에서 수많은 탐사가 진행되었고, 수많은 열수 분출구와 열수 생명체들이 채취되었다. 열수 생명체에 대한 자료가 축적되어가면서 발견된 사실은 열수 생물의 군집이 중앙해령과 배호분지마다 다르다는 것이었다(그림 4-4).

비슷한 열수 환경, 극한 환경인데 왜 군집이 다른 것일까? 열수 생명체들은 어떻게 이동하고 전파되어가는 것일까? 이 거대한 수수께끼를 풀기 위해서는 기본적으로 열수 분출구와 열수 생명체의 전체적 분포를 알고 있어야 한다. 그러나 극지연구소에서 호주-남극 중앙해령을 탐사하기 전까지는 환남극 중앙해령에 대한 정보가 거의 없었다고 보아도 될 정도이다. 호주-남극 중앙해령에서 열수 분출구를 찾고 열수 생명체를 채취하는 것은 이 거대한 수수께끼를 풀기 위한 중요한 첫걸음인 것이다.

앞서 해저 지형도를 작성하는 과정에 대해 간단히 설명했는데, 여기서는 열수 분출구 탐사 방법에 대해 간단히 설명하고자 한다. 열수 분출구를 찾기 위해서는 먼저 해저 지형도가 있어야 한다. 열수 분출구는 대체로 중심축에 분포하고 있기 때문에 최소한 중심축 지형도는 있어야 탐사가 가능하기 때문이다. 열수 분출은 해양 지각을 통해 침투한 해수가 중앙해령의 지열을 통해 가열되어 끓어올라 다시 해수로 돌아가는 것인데, 지각 속에서 흐르던 열수가 지각과 상호작용을 하여 유용 금속과 황성분 등을 녹여내 원래의 해수에 비해 온도도 높고 구성 성분도 다르다(그림 2-20). 열수 탐사는 이 점을 활용한 것이다. 열수가 강하게 분출되는 지역의 해수는 온도가 상대적으로 높아야 하고, 지각에서 녹아 들어온 물질들 덕분에 탁도도 높다. 온도와 탁도, 이 두 가지를 측정할 수 있는 장비를 중심축 해저면 가까이까지 내려서 해수의 특성을 파악해 열수 분출구의 위치를 추론하는 것이다.

물론 열수 분출구 위치를 추론하기 위해서는 상당히 많은 지역에서 측정이 이루어져야 한다. 열수 분출구 탐지를 위해 해수의 온도와 탁도 측정을 효율적으로 할 수 있도록 만들어진 장비가 바로 MAPRMiniature Autonomous Plume Recorders(소형 열수 분출 기록기)이다(그림 4-12). 이 장비는 미국 해양 대기청NOAA, National Oceanic and Atmospheric Administration의 태평양 해양환경 연구실PMEL, Pacific Marine Environmental Laboratory에서 고안하고 제작했는데, 대부분의 열수 분출구는 이 장비를 활용한 탐사를 통해 발견된 것이다. 이 장비의 특징은 와이어에 쉽게 탈부착이 가능하기 때문에 시료 채취를 위한 해양 장비를 해저로 내릴 때 같이 내릴 수 있다. 따라서 이 장비를 내리기 위한 추가적인 시간이 별로 필요 없다는 장점이 있다. 극지연구소 중앙해령 연구팀은 이 장비를 중앙해령 현무암 시료를 채취하기 위해 고안된 록코아Rock Corer에 부착하여 사용했다(그림 4-12, 4-13). 중심축의 암석 시료 채취 작업과 열수 분출구 탐지 작업이 동시에

극지과학자가 들려주는 판구조론 이야기

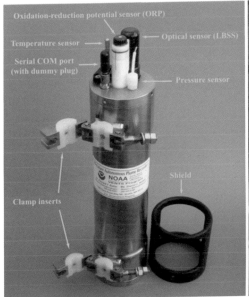

열수 분출구 탐지 장치인 MAPR(Miniature Autonomous Plume Recoders). 해수의 온도와 탁도, 그리고 산화환원 전위를 측정해 열수 분출의 증거를 찾는다.

진행된 것이다. 2011년 3월과 12월에 진행된 탐사에서 암석 채취기와 MAPR을 30개 이상 동시에 운영하여 KR1 중심축에서 열수 분출구가 분포할 가능성이 높은 지역을 확인한 것이 그림 4-10이다.

2013년에 진행된 KR1 탐사에서 MAPR 탐사로 확인된 열수 분출구가 분포할 가능성이 높은 지역에 CTD Conductivity-Temperature-Depth Recorder(해수의 염농도-온도-깊이를 측정할 수 있는 해양학의 기본 장비. 해수

그림 4-13

극지연구소 중앙해령 연구팀에서 암석 시료 채취를 위해 사용한 록코어. 유리질인 중앙해령을 타격하여 깨뜨린 후 왁스에 묻어 올라온 유리질 현무암 시료를 수집한다. MAPR도 록코어에 부착해서 사용했다.

채집이 가능하며 그외 다양한 특성을 측정할 수 있음)를 내리고 끌면서 열수 분출구 위치를 좀 더 정밀하게 파악하고, 온도와 탁도가 높은 해수시료를 채취하여 실험실에서 그 성분을 분석하였나. 분석 결과, 채취된 해수 시료에서는 열수 분출의 증거로 볼 수 있는 망간, 철 등 금속 함량이 높

극지과학자가 들려주는 판구조론 이야기

그림 4-14

열수 분출이 활발할 것으로 추정된 지역에 드렛지를 수행했고, 그 결과 다량의 암석 시료와 열수 생명체를 채취할 수 있었다.

게 나타났으며, 이로써 열수 분출구의 존재는 확증되었다. 새롭게 발견한 KR1의 열수 분출구 구간은 '무진 열수 분출구 지역'으로 명명하였다. '무진'이라는 이름은 김승옥의 유명한 단편 소설 〈무진 기행〉에서 차용한 것이다. 소설 속 무진의 안개 도시 이미지를 차용하여 열수 분출구 지역을 표상하고자 한 것이다.

2013년 탐사에서 열수 분출이 활발할 것으로 추정된 지역에 드렛지 Dredge를 수행했다(그림 4-14). 열수 분출구에서 요행히 열수 생물을 채취할 수 있을까 하는 기대에서였다. 그 결과 많은 양의 암석과 함께 '키와 게Kiwa Crab', '일곱 다리 불가사리Seven-Arm Starfish' 등 신종 열수 생명체가 채취되었다(그림 4-11). 남극권 중앙해령 최초로 열수 생물들을 채취한 것이다. 이러한 열수 생물 종들은 동태평양과 서태평양 배호분지의 열수 생명체들과 달랐으며, 남극권 열수 분출구 지역과 다른 환남극 중앙해령에서 발견된 것과 유사성이 있었다(그림 4-11). 환남극 중앙해령의 열수 생태계가 독자적으로 연결되어 있을 가능성을 암시한다. MAPR과 CTD 탐사, 그리고 드렛지에 의한 열수 생명체 채취는 초기 탐사에 불과하다. 이 지역 열수 분출구의 특성과 열수 생명체에 대한 본격적인 연구를 위해서는 무인 잠수정 탐사가 필수적이다. 무인 잠수정으로 이 지역 열수 생명체가 채취되면 열수 생물 연구, 더 나아가 생물학 연구에 획기적인 공헌을 할 수 있을 것으로 예상한다.

질란디아-남극 맨틀의 발견

호주와 남극 대륙 사이에는 호주-남극 부정합AAD: Australian-Antarctic Discordance이라는 이름을 가진 독특한 중앙해령 구간이 존재한다(그림 4-15). 이 AAD는 수심이 5,000m로 중앙해령 중 가장 깊으며 일반적인

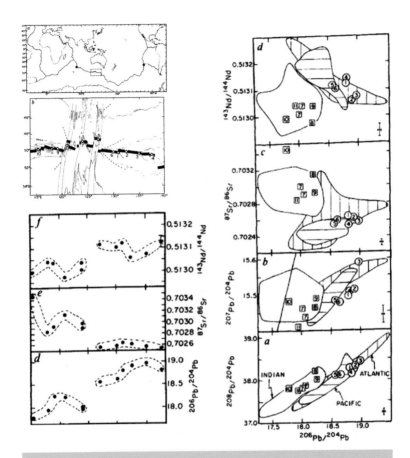

그림 4-15

호주-남극 부정합 중앙해령을 경계로 동쪽과 서쪽의 Sr-Nd-Pb 동위원소 값들과 분포 패턴이 다르다.

중앙해령에 비해 지형이 매우 복잡하고 중력도 현저히 낮다. 이런 특성은 이 아래 맨틀의 흐름이 독특할 것이란 추측을 가능하게 했다. AAD의 독특성은 이 지역에서 채취된 시료의 동위원소 연구에 의해 더욱 확실하게 드러났다(Klein 외, Nature 1988). AAD를 경계로 동쪽과 서쪽의 Sr-Nd-Pb 동위원소 값들과 그 분포 패턴이 다르다는 사실이 밝혀진 것이다(그림 4-15). 이들 동위원소 값과 분포는 맨틀의 기원과 운동을 이해하는 데 있어 매우 중요한 지시자이다. 즉 AAD를 중심으로 두 개의 기원이 다른 맨틀이 만나고 있다는 것이다. 그런데 맨틀에도 종류가 있고 기원이 있는가?

맨틀은 직접 채취가 어렵기 때문에 주로 중앙해령에서 암석을 채취하여 분석하는 간접적인 방식을 통해 연구한다. 태평양, 대서양, 인도양 중앙해령에서 채취된 암석과 가스에 대한 연구 결과, 인도양 아래의 맨틀은 태평양과 대서양 아래의 맨틀과 다른 동위원소 특성을 갖고 있음이 밝혀져 있다(그림 4-16). 이 발견은 매우 획기적인 것으로, 상부 맨틀이 완전히 섞이지 않고 적어도 두 개의 큰 단위로 대류하고 있음이 확인되었기 때문이다. 그리고 태평양형 맨틀과 인도양형 맨틀로 새롭게 명명된 이 두 맨틀의 경계는 어디인가라는 문제도 떠올랐다. 그런데 AAD를 경계로 서편은 인도양형 맨틀, 동편은 태평양형 맨틀의 특성을 갖는다는 것이 밝혀짐으로써 이 지역이 인도양형 맨틀과 태평양형 맨틀의 경계라는 학설이 널리 인정받게 된 것이다. 클라인Klein 등은 AAD에서 이 두

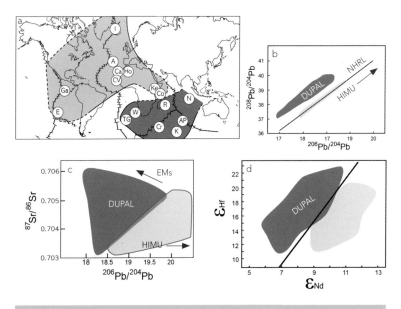

인도양 아래의 맨틀은 태평양과 대서양 아래의 맨틀과 다른 동위원소 특성을 갖고 있음이 연구 결과 밝혀졌다.

맨틀이 만나 하강하고 있기 때문에 수심이 깊어지고 지형이 복잡해지며 중력값이 낮아졌을 것이라고 주장했다(그림 4-17). 그 이후에 진행된 연구들은 태평양형 맨틀이 인도양을 향해 흘러들어 감으로써 경계가 서쪽으로 이동하고 있을 가능성도 제시하였다. 그러나 이 두 맨틀의 경계가 유지되는 메커니즘은 학계의 많은 논란거리였다.

호주-남극 중앙해령은 AAD의 동쪽에 위치하고 있기 때문에 극지연

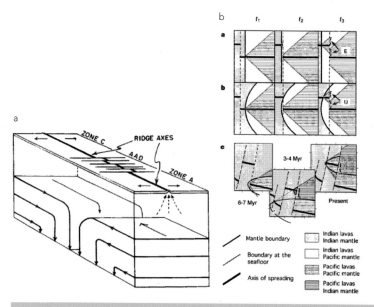

그림 4-17

호주-남극 부정합(Australian-Antarctic Discordance)을 설명하는 동적 모델. a. 호주-남극 부정합도 중앙해령 구간으로서 확장이 일어나지만 그 아래에서는 인도양형과 태평양형 맨틀이 만나 하강하고 있다는 모델. b. 태평양형 맨틀이 인도양을 향해 밀려 들어가고 있다는 모델.

구소의 탐사 전까지 태평양형 맨틀일 것이라고 단순히 추정되어왔다. 그러나 중심축에서 록코아로 채취된 현무암에 대한 동위원소 분석 결과, 이 중앙해령 아래 분포할 것으로 예측되었던 태평양형 맨틀과 다른 특성을 갖는 맨틀이 확인되었다(그림 4-18). 이 맨틀은 인도양 맨틀과도 그 기원과 특성이 달랐다. 남극 대륙과 뉴질랜드 사이에서 어느 지역에서도

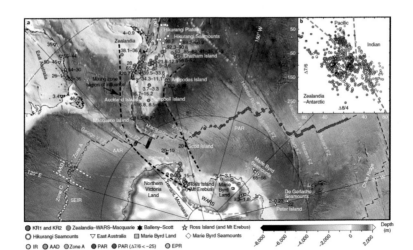

그림 4-18

태평양형과 인도양형 맨틀과 다른 특성을 갖는 질란디아-남극 맨틀의 분포. 인도양과 태평양 사이에 새로운 기원의 맨틀이 발견됨으로써 맨틀 순환 연구에 중요한 계기가 마련됐다. 분홍색 파선 내부, 혹은 검은색 파선 내부가 질란디아-남극 맨틀이 분포할 것으로 추정되는 영역이다.

보고되지 않은 신규 맨틀을 발견한 것이다. 이 신규 맨틀을 '질란디아-남극 맨틀'로 명명했고, 그 결과는 2019년 《네이처 지오사이언스》에 실렸다. 이 발견으로 인해 태평양형 맨틀이 호주-남극 부정합 아래에서 인도양형 맨틀과 만나 인도양을 향해 흘러 들어가고 있다는, 30년 동안 통용되었던 학설이 깨지게 된 것이다. 극지연구소의 연구 결과 태평양형과 인도양형 맨틀 사이에는 이 두 맨틀과 기원이 다른 '질란디아-남극 맨틀'이 존재하며 호주-남극 부정합도 더 이상 태평양형과 인도양형 맨틀의 경계가 아니라는 사실이 확인된 것이다. 인도양형 맨틀과 태평양형 맨틀의 사이에는 질란디아-남극 맨틀이 존재할 뿐 아니라 예상보다 복잡하게 다양한 기원의 맨틀이 혼재하고 있는 것으로 추정되기 때문이다.

질란디아-남극 맨틀은 원래 곤드와나라는 이름을 가진 거대한 하나의 대륙을 구성하고 있던 호주, 뉴질랜드, 남극 대륙을 쪼개고 분리시킨 하부 맨틀의 상승 작용(맨틀 플룸)에서 기원한 것으로 보인다(그림 4-19). 이 맨틀 플룸은 약 9,000만 년 전 하부 맨틀로부터 상승하여 곤드와나 대륙 아래에 도달, 대륙의 균열을 일으킨 후 남극 대륙 아래에서 현재까지도 지속적으로 상승하고 있는 것으로 추정된다. 지표 가까이 상승한 맨틀은 북쪽 뉴질랜드를 향해 흘러 호주-남극 중앙해령에도 영향을 미치고 있는 것으로 판단된다.

질란디아-남극 맨틀의 발견은 전 지구적 맨틀 대류 모델에 대한 수정을 요청하고 있다. 맨틀 대류는 매우 단순하게는 맨틀의 상승과 평행 이동, 그리고 하강으로 설명할 수 있는데, 맨틀의 하강이 일어나는 곳이 섭입대이고, 하부 맨틀에서부터 맨틀이 대규모로 상승하는 것이 맨틀 플룸이다. 현재까지 널리 수용되어온 맨틀 대류의 거시적 모델은 서태평양에서 최대 규모의 지판의 섭입과 관련된 대규모 맨틀 하강이 있고, 동태평양과 아프리카 아래에 초대형 맨틀 플룸이 있어서 그 균형을 맞추고 있다는 것이었다. AAD의 깊은 수심은 과거 이곳이 섭입대였으며, 이와 관련한 맨틀의 하강이 있기 때문이라는 것이 정통 해석이었다. 즉 현재

a. 백악기 초기, 곤드와나 대륙으로 태평양 지판이 섭입함

b. 백악기 후기(약 1억 년 전) 곤드와나 대륙과 히쿠랑기 해저 고원이 충돌하여 태평양 지판의
   섭입이 중단되고 비슷한 시기에 맨틀 플룸이 상승하면서 곤드와나 대륙이 쪼개짐

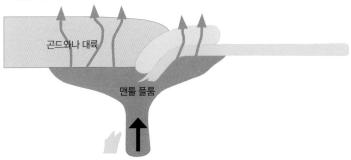

c. 곤드와나가 남극대륙, 질란디아, 호주로 나뉘어 지고 상승한 맨틀은 '질란디아-남극 맨틀' 형성

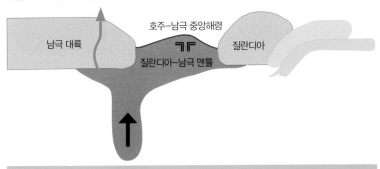

그림 4-19

질란디아-남극 맨틀의 기원과 진화. 질란디아-남극 맨틀 플룸이 상승해 곤드와나 대륙을 쪼개고
계속 남극대륙 아래에서 뉴질랜드를 향해 흐르고 있다.

까지는 남극권에서 대규모의 맨틀 하강이 일어나고 있다는 것이 전 지구적 맨틀 대류의 표준 모델이었던 것이다.

따라서 남극권에 동태평양과 아프리카에 있는 초대형 플룸에 버금가는 대규모 맨틀 플룸이 존재한다는 것은 기존의 이해를 뒤엎는 것이며, 맨틀 대류 모델에 대한 중대한 수정을 필요로 하는 것이다. 전 지구적 맨틀 순환과 진화 과정을 더 정확히 규명하기 위해서는 추가적인 탐사와 연구를 통해 질란디아-남극 맨틀의 분포 영역과 기원을 명확하게 밝혀야 한다.

확장 균열대의 발견

2019년과 2021년 하계 시즌 기간 극지연구소 중앙해령 연구팀은 남극판과 태평양판 경계인 확장-균열대를 탐사했고 남극권 해저 최대 미답지 중 하나인 이 지역에서 해저 지형자료, 해상 지자기 자료, 해저 암석 시료 획득에 성공했다. 약 1,000km에 달하는 규모인 태평양-남극 확장-균열대는 내부 지형이 매우 복잡해 화산활동이 있는 변환단층 혹은 균열대인지 아니면 해령인지 그 실체가 불분명했던 지역이었다. 그리고 '질란디아-남극 맨틀'의 동편 경계가 이 지역 어딘가에 위치하고 있을 것으로 추정되어 그 중요성은 매우 컸다. 2019년에는 7일, 2021년에는 5일간의 탐사가 진행됐는데 탐사 기간 동안 다중빔을 활용한 지형 조사와 자력계 탐사를 통해 총 11개의 확장축을 확인했으며, 초기 열개가 일어나고 있는 것으로 추정되는 지역도 발견했고 해저산 지형도도 작성했다. 기존의 연구에 따르면, 이 지역은 해저 확장보다는 단층 작용이 훨씬 우세할 것으로 추정되었고 최근에는 판 내부 화산활동이 활발했을 것으로 추정한 연구들도 있었다. 그러나 극지연구소 중앙해령 연구팀의 탐사를 통해 11개 확장축을 확인함으로써 이 지역이 매우 독특한 중앙해령임을 확인했다. 최근에 쪼개진 것으로 보이는 해저산, 기존의 확장축이 소멸하고 새로운 확장이 시작된 것으로 추정되는 열개대의 존재 등은 이 지역의 지각활동이 매우 활발함을 암시한다. 이 지역에서 발견된 중앙해령 구간들은 길이가 매우 짧았으며 지형이 독특했다. 이 지역에 대한 지속적인 탐사와 연구를 통해 판구조론 발전에 큰 기여를 할 수 있는 획기적인 연구 결과를 제시할 수 있을 것으로 예상한다.

글을 마치며

　지구의 구조에서 시작, 고체 지구의 순환이라는 관점에서 정리한 판
구조론을 거쳐 극지 중앙해령을 정리하고 극지연구소의 호주-남극 중
앙해령과 확장-균열대 탐사 결과 소개까지 간략하지만 판구조론과 관
련되어 있는 다양한 주제와 내용을 나름의 방식으로 정리해보았다.

　강조하고 싶은 점은 지구를 대기-해양-고체 지구 그리고 생물이 서로
긴밀하게 맞물려 있는 역동적인 순환체계로 이해해야 한다는 것이다. 대
기 순환을 연구하는 사람은 대기만을, 해양 순환을 연구하는 사람은 해
양만을, 고체 지구를 연구하는 사람은 고체 지구만 보는 것은 안타까
운 현실이다. 각 순환 체계가 상호 긴밀히 연결되어 있음을 결코 망각해
서는 안 될 것이다. 특히 대기나 해양의 순환에 비해 상대적으로 간과되
고 있는 고체 지구의 순환에 대한 심도 있는 연구가 없다면 지구환경 이
해의 많은 부분을 놓치게 될 것이다. 한 가지 더 강조하고 싶은 것은 지구

　　　　　극지과학자가 들려주는 판구조론 이야기

에는 인류가 탐사하고 연구하지 못한 미지의 영역이 아직 많이 남아 있다는 것이다. 이 미지의 영역을 탐사하고 연구함으로써 지구에 대한 이해를 더욱더 심화시킬 수 있을 뿐 아니라 인류가 직면하고 있는 '위기의 지구'를 벗어날 수 있는 해법을 찾는 데도 도움이 될 수 있을 것으로 생각한다.

이 글의 마무리 작업은 확장-균열대를 탐사한 여섯 번째 해령 탐사 기간 동안 아라온호 선상에서 진행되었다. 2021년 수행된 확장-균열대 2차 탐사는 반전의 연속이었고 중앙해령에 대한 새로운 생각을 하게 되는 계기가 되었다. 앞으로 아직 많이 남아 있는 호주-남극 중앙해령과 확장-균열대의 미지의 공백을 채우고 새로 획득한 데이터에 대한 이론적 연구를 통해 지구에 대한 이해를 심화시키기 위해 노력하고자 한다.

용어 설명

◈ 판구조론Plate Tectonics

지구 외각이 여러 개의 딱딱한 지판들로 구성되어 있으며, 이 지판들의 상호 작용으로 지진, 화산, 산맥의 형성 등 지구에서 일어나는 거시적인 현상들이 설명된다는 이론. 판구조론은 더 나아가 고체 지구의 순환을 설명하는 포괄적 이론 체계로서 지구환경과 진화를 이해하는 데 있어 핵심적이다.

◈ 지판(암석권)과 연약권Plate(lithosphere) and Asthenosphere

지판은 지구 외각의 딱딱한 부분으로서 암권이라고도 한다. 판구조론의 기본적인 구성요소이다. 지판, 즉 암권은 고체 지구의 가장 외각인 지각과 맨틀 상부 중 딱딱한 부분을 통칭하는 개념이다. 암석권 아래에는 흐를 수 있는 맨틀인 연약권이 분포한다. 판구조론에 따르면, 암석권이 연약권 위를 미끌어져 이동하며, 이 과정에서 지판이 생성되고 소멸하고 귀환한다. 연약권의 맨틀은 모두 감람암으로 구성되어 있지만, 연약권은 암석권에 비해 깊은 곳에 위치하고 있어 고온·고압의 상태이다. 이로 인해 고체이지만 흐를 수 있는 물리적 상태가 된 것이다. 지판을 움직이는 기본 동력은 아래로 침강하려는 암석권과 부력으로 떠받치는 연약권의 상호작용에서 온다는 것이 널리 받아들여지고 있다.

◈ 지판의 경계Plate Boundaries

지판의 경계는 두 개 혹은 세 개의 판의 경계를 말하며, 단순한 경계가 아니라 이곳에서 다양한 지구과학적 현상들이 발생한다. 지판의 경계에서 지판이 생성되고 스쳐 지나가고 소멸하는데, 이 과정에서 지구 내부의 물질이 상승하고 지진이 발생하며 지표의 물질이 지구 내부로 들어가기 때문이다. 중앙해령, 변환단층, 섭입대가 지판의 생성, 스침 그리고 소멸이 일어나는 곳이다. 현대 지구과학에선 이 경계들 외에도 다른 특성을 갖는 경계를 인정하고 있으나, 이 세 가지 타입의 경계가 압도적으로 많다.

◈ 중앙해령Mid-Ocean-Ridge

지판이 생성되는 경계. 20세기 중엽 해저 지자기 연구를 통해 해저확장설이 제기되면서 그 기능이 이해되기 시작했다. 중앙해령은 두 지판이 멀어지는 곳으로서, 이곳에서 지판이 멀어지면서 생겨나는 공간을 메우기 위해 연약권 맨틀이 상승하고, 상승하는 맨틀이 부분 용융되어 형성된 마그마가 분출하여 해양 지각이 형성된다. 중앙해령의 길이는 약 6만 km에 달하며 단일 구조물로서는 지구 최대 규모이다. 해양 지각이 지표의 약 70%를 차지하고 있기 때문에 지표의 대부분이 중앙해령에서 형성되었다고 봐도 틀리지 않는다.

◈ 변환단층Transform Fault

지판들이 스쳐 지나가는 경계. 중앙해령은 이 변환단층들로 구분되는데 대체로 중앙해령과 수직에 가까운 각도를 유지하고 있다. 변환단층은 보다 긴 단층대의 일부이지만 서로 어긋나 있는 중앙해령 구간들 사이에 위치한 변환단층에서만 지진이 발생한다. 이것은 중앙해령을 경계로 두 지판이 서로 멀어진다는 강력한 증거이다. 변환단층 위와 아래의 해령을 기준으로 두 지판이 멀어지기에 그 사이의 단층에서는 마찰이 일어나게 되고, 그 결과 지진이 발생하기 때문이다. 판운동을 연구하는 데 변환단층은 중요한 준거점이 된다.

◈ 섭입대Subduction Zone

지판이 소멸되는 경계. 해령에서 형성되어 먼 거리를 이동, 무거워진 지판이 자체 무게로 연약권 맨틀로 파고드는 장소이다. 지판이 지구 내부로 파고드는 곳이기에 수심이 7,000m 이상으로 매우 깊다. 수심이 깊은 곳을 해구Trench라고 한다. 많은 지구과학자들은 섭입대에서 지판이 침강하는 힘이 판을 움직이는 기본 동력이라고 판단하고 있다. 태평양 불의 고리Ring of Fire는 최장의 섭입대와 밀접하게 관련되어 있다.

◈ 호상열도Island Arc

지판은 해구를 통해 지구 속으로 파고들어 가며 소멸된다. 지구 내부로 파고들어 간 지판은 주변의 연약권 맨틀과 상호작용을 하는데 특히 지판이 지표에서 이동하면서 머금게 된 물을 연약권으로 뿜어냄으로써 녹는점이 낮아져, 맨틀의 부분 용융이 발생하고 그 결과 형성된 마그마가 상승하여 섭입되는 지판 위의 지판, 즉 윗 지판에는 화산활동이 발생한다. 여러 개의 화산이 활 모양으로 분포하기에 호상열도라는 이름이 붙었다. 폭발력이 강한 화산들은 대개 호상열도 화산들이다. 폭발력이 강한 이유는 상대적으로 많은 양의 물을 포함하고 있기 때문이다. 일본, 인도네시아의 화산들이 호상열도 화산들이다. 폼페이를 멸망시킨 베수비오 화산 역시 호상열도 화산이다.

◈ 배호분지 Back-Arc Basin

섭입 지판 위의 지판에서 일어나는 해저 확장에 의해 생긴 분지. 호상열도 뒤에 있다고 해서 배호분지라는 이름을 갖고 있다. 섭입하는 지판이 후퇴하면서 발생하는 지판의 확장 때문에 형성된 분지로 추정되고 있다. 배호분지에서도 중앙해령과 유사한 해저 확장이 일어나기는 하지만 지속기간이 상대적으로 짧고 판 내부에서 일어나는 확장이기에 판 경계로 분류되지는 않는다. 배호분지에서 형성되는 해양 지각은 호상열도 화산암과 중앙해령에서 형성되는 해양 지각이 혼합된 것 같은 특성을 나타낸다.

◈ 맨틀 플룸 Mantle Plume과 열점 Hot Spot

열점은 현재 논란이 많은 개념이다. 초기에 판 경계와 거리가 먼 판 내부에서 일어나는 화산활동을 일으키는 지구 하부 맨틀의 뜨거운 장소를 지칭하는 개념으로 도입되었다. 계속 이동하는 지판에 비해 상대적으로 고정된 위치를 갖고 있다고 추정되었지만 열점 역시 조금씩 이동하고 있는 것으로 생각되고 있다. 열점의 위치가 하부 맨틀인지 상부 맨틀의 하부인지에 대해서도 많은 논쟁이 있었으나 어느 한 가지만으로 설명될 수 없다고 인정되고 있다. 대체로 맨틀의 밀도 차에 의한 양성 부력에 의해 발생하는 맨틀 플룸으로 통칭되기도 한다. 맨틀 플룸의 규모는 매우 다양하며 서태평양에 위치한 온통 자바 해저 고원 Ontong Java Plateau은 그 규모가 150만 km^2로 알래스카의 규모와 맞먹는다. 널리 알려져 있는 하와이도 거대한 맨틀 플룸의 잔재로 추정되고 있다. 대체로 온통 자바와 같은 대규모의 플룸이 상승한 후 하와이 같은 소규모 플룸이 잇따라 상승하는 것으로 추정되고 있다. 지구상에는 맨틀 플룸의 상승에 기인한 대규모의 화산이 여러 시기에 분출했으며 당시 급격한 지구환경 변화를 초래했을 것으로 추정되고 있다.

◈ 고체 지구의 순환 Solid Earth Cycles

지판의 생성, 이동, 소멸 그리고 맨틀 플룸의 활동을 지구의 순환 과정으로 총체적으로 이해하고자 하는 시각. 이 시각에 따르면 중앙해령에서 형성된 지판이 섭입대에서 지구 내부로 파고 들어가 다시 맨틀 플룸의 형태로 올라온다고 본다. 이와 같은 순환은 태양계 내 다른 지구형 행성에서는 관찰되지 않는다. 고체 지구의 순환을 통해 지구의 내외부가 섞이며 지구 표면에는 다양한 환경 변화가 나타난다. 대륙의 이동과 충돌, 대기의 순환, 해수의 순환도 모두 고체 지구의 순환과 얽혀 있다.

◈ 북극 중앙해령 Arctic Ridges

북극은 대부분 바다이며 그 아래에는 북극해를 만들어낸 중앙해령들이 위치하고 있다. 대표적인 것이 가켈 해령으로 북극을 관통하고 있다. 가켈 해령은 중앙해령 중 가장 확장 속도가 느린 해령으로 해양 지각 형성률이 미미하며 맨틀이 바로 노출되어 있기도 하다. 절반 가까이가 아직 미답 상태에 있는 해령이다. 그 이유는 대부분 해빙으로 덮여 있어 대규모 쇄빙선이 여러대 필요하기 때문이다.

◈ 환남극 중앙해령 Circum-Antarctic Ridges

북극과 달리 남극에는 거대한 대륙이 위치하고 있다. 그리고 이 대륙은 바다로 둘러싸여 있어 다른 대륙들과 분리되어 있다. 남극 대륙을 둘러싸고 있는 바다 아래에는 이 바다를 만들어낸 중앙해령이 위치하고 있다. 즉 차가운 남극대륙은 화산산 산맥으로 둘러싸여 있는 것이다. 남극 대륙을 둘러싸고 있는 중앙해령을 환남극 중앙해령이라고 하며 그 규모가 전체 중앙해령의 3분의 1에 달한다. 남극해는 가장 최근에 형성된 바다이며, 따라서 환남극 중앙해령에는 비교적 최근에 일어난 맨틀의 거대한 움직임에 대한 기록들이 저장되어 있을 것으로 추정된다. 환남극 중앙해령은 거친 해황과 북반구 여러 나라들로부터의 먼 거리 때문에 아직 미답지가 많이 남아 있다. 지구의 중요한 수수께끼를 푸는 데 큰 기여를 할 수 있는 연구 대상으로 판단된다.

참고문헌

1. Charles H. Langmuir and Wally Broecker. 2012. How to Build a Habitable Planet: The Story of Earth from the Big Bang to Humankind(Revised and Expanded Edition). Princeton University Press.

2. Donald L. Turcotte, Gerald Schubert. 2005. Geodynamics(2nd Edition). Cambridge University Press, NY.

3. Allan Cox, Robert Brian Hart. 1986. Plate Tectonics: How it works. Blackwell Scientific Publication.

4. Christine M.R. Fowler. 2005. The Solid Earth(2nd Edition). Cambridge University Press.

5. Philip Kearey, Frederic J. Vine. 1996. Global Tectonics(2nd Edition). Blackwell Science.

6. 이 책들 외에도 다양한 논문과 도서를 참고했으며, 특히 그림 출처로 사용한 자료들을 주로 참고함.

그림 출처

1장

그림 1-3 a: Quora.com. b: geology.com. c: geology.com. d: the stoneyard.co.uk. e: earthphysicsteacching.hopestead.com photo: M.P. Klimetz. f: earth.northwestern.edu. photo: S.D. Jacobsen.

그림 1-7 John W. Shervais, Nicholas Arndt, Kathryn M. Goodenough. Drilling the solid earth: global geodynamic cycles and earth evolution. Inter J. Earth Sci.

2장

그림 2-1 미국지질조사소(USGS, United States Geological Survey).

그림 2-2 미해양대기국(NOAA, National Oceanic and Atmospheric Administration).

그림 2-3 K.C. Macdonald. 2001. Mid-Ocean Ridge Tectonics, Volcanism and Geomorphology. Encyclopedia of Ocean Sciences(second edition). pp.852-866.

그림 2-4 Pearson Education Inc.

그림 2-5 M-H. Cormier. 2003. Contribution of multibeam bathymetry to understanding the processes that shape mid-ocean ridges in Charting the Secret World of the Ocean Floor: The GEBCO Project 1903-2003에서 재인용.

그림 2-6 M-H. Cormier. 2003. Contribution of multibeam bathymetry to understanding the processes that shape mid-ocean ridges in Charting the Secret World of the Ocean Floor: The GEBCO Project 1903-2003에서 재인용.

그림 2-7 K.C. Macdonald. 2001. Mid-Ocean Ridge Tectonics, Volcanism and Geomorphology. Encyclopedia of Ocean Sciences(second edition). pp.852-866.

그림 2-8 Karla Panchuk. 2019. Physical Geology(First University of Saskatchewan Edition). p.544.

그림 2-9 C.H. Langmuir, E.M. Klein, T. Plank. 1992. Petrological systematics of mid-ocean ridge basalts: Constraints on melt generation beneath ocean ridges, in Mantle Flow and Melt Generation at Mid-Ocean Ridges, Geophysical Monograph 71. AGU.

그림 2-10 Tim Grove가 Sparks와 Parmentier(1992, EPSL) 모델을 기반으로 그림.

그림 2-11 Batiza와 Niu의 1992년 동태평양 중앙해령 자료.

그림 2-12 C.H. Langmuir, E.M. Klein, T. Plank. 1992. Petrological systematics of mid-ocean ridge basalts: Constraints on melt generation beneath ocean ridges, in Mantle Flow and Melt Generation at Mid-Ocean Ridges, Geophysical Monograph 71. AGU.

그림 2-13 C. Langmuir, W. Broecker. 2012. How to build a habitable planet. Princeton University Press.

그림 2-14 C.H. Langmuir, E.M. Klein, T. Plank. 1992. Petrological systematics of mid-ocean ridge basalts: Constraints on melt generation beneath ocean ridges, in Mantle Flow and Melt Generation at Mid-Ocean Ridges, Geophysical Monograph 71. AGU.

그림 2-16 J.A. Karson. 2002. Geologic Structure of the Uppermost Oceanic Crust Created at Fast to Intermediate-Rate Spreading Centers, Annu. Rev. Earth Planet. Sci. 30:347-384.

그림 2-17 J. Cann. 1974. A Model for Oceanic Crustal Structure Development, Geophysics Journal of the Royal Astronomical Society 39:169-187.

그림 2-18 a: R.S. Detrick, P. Buhl, E. Vera, J. Mutter, J. Orcutt, J. Madsen, T. Brocher. 1987. Multi-Channel seismic imaging of a crustal magma chamber along the East Pacific Rise, Nature 326:35-41. b: E.E. Vera, J. Mutter, P. Buhl, J. Orcutt, A. Harding 등. 1990. The structure of 0-to 0.2-m.y.-old oceanic crust at 9°N on the East Pacific Rise from expended spread profiles, J. Geophys. Res. 95:15,529-56.

그림 2-19 J. Karson, E. Klein, S. Hurst, C. Lee, P. Rivizzigno, D. Curewitz. 2002. Structure of uppermost fast-spread oceanic crust exposed at the Hess Deep Rift: Implication for subaxial processes at the East Pacific Rise, Geochem. Geophys. Geosys. 2001GC000155.

그림 2-20 NOAA.

그림 2-21 미 잠수정 촬영.

그림 2-22 바탕 지도: http://geomapapp.org. 'GMRT' W. Ryan, S. Carbotte, J. Coplan 등. 2009. Global Multi-Resolution Topography Synthesis, Geochem. Geophys. Geosys. 2008GC002332.

그림 2-23 신규진의 지구를 소개합니다(https://topclass.chosun.com/mobile/topp/view.asp?Idx=525&Newsnumb=202007525#_enliple).

그림 2-26 위키피디아.

그림 2-28 Y. Niu. 2014. Geological understanding of plate tectonics: Basic concepts, illustrations, examples and new perspectives, Global Tectonics and Metallogeny 10/1, pp.23-46.

그림 2-29 A. Hofmann. 1997. Mantle geochemistry: the message from oceanic volcanism, Nature 385:219-229.

그림 2-30 TASA Graphic Arts. Inc. 2002.

3장

그림 3-1 USGS.

그림 3-2 USGS. 지진 데이터

그림 3-3 위키피디아.

그림 3-4 J.M. Watson. 1990. USGS.

4장

그림 4-1   극지연구소 중앙해령 연구팀.

그림 4-2   a: NOAA National Geophysical Data Center. b: H. Dick , J. Lin, H. Schouten. 2003. An ultraslow-spreading class of ocean ridge, Nature 426:405-412.

그림 4-4   C. Van Dover, C. German , K. Speer, L. Parson, R. Vrijenhoek. 2002. Evolution and Biogeography of Deep-Sea Vent and Seep Invertebrates, Science 295:1253-1257.

그림 4-5   극지연구소 중앙해령 연구팀.

그림 4-6   http://geomapapp.org. 'GMRT' W. Ryan, S. Carbotte, J. Coplan 등. 2009. Global Multi-Resolution Topography Synthesis, Geochem. Geophys. Geosys. 2008GC002332.

그림 4-7   극지연구소 중앙해령 연구팀.

그림 4-8   a: http://geomapapp.org. 'GMRT' W. Ryan, S. Carbotte, J. Coplan 등. 2009. Global Multi-Resolution Topography Synthesis, Geochem. Geophys. Geosys. 2008GC002332.
           b: W. Broecker. 2005. The role of ocean in climate yesterday, today and tomorrow. Eldigio Press, NY.

그림 4-9   J. Crowley, R. Katz, P. Huybers, C. Langmuir, S. Park. 2014. Glacial cycles derive variations in the production of oceanic crust, Science 347:1237-1240.

그림 4-10 D. Hahm, E. Baker, T. Rhee, Y. Won, J. Resing, J. Lupton, W. Lee, M. Kim, S. Park. 2015. First hydrothermal discoveries on the Australian-Antarctic Ridge: Discharge sites, plume chemistry, and vent organisms, Geochem. Geophys. Geosys. 16:3061-3075.

그림 4-11 a: 극지연구소.
           b: C. Roterman, W. Lee, X. Liu, R. Lin, X. Li, Y. Won, 2018. A new yeti crab phylogeny: vent origin with indications of regional extinction in the East Pacific. Plos One, 10.1371/journal.pone.0194696.

그림 4-12 a: NOAA.

b: 극지연구소.

그림 4-15 E. Klein, C. Langmuir, A. Zindler, H. Staudigel, B. Hamelin. 1988. Isotope evidence of a mantle convection boundary at the Australian-Antarctic Discordance, Nature 333:623-629.

그림 4-16 a, b, c: C. Allegre. 2008. Isotope Geology. Cambridge University Press, NY, p.512. d: P. Kempton, J. Pearce, T. Barry, J. Fitton, C. Langmuir, D. Cristie. 2002. Sr-Nd-Pb-Hf isotope results from ODP Leg187: Evidence for Mantle Dynamics of the Australian-Antarctic Discordance and Origin of the Indian MORB Source, Geochem. Geophys. Geosys. 3(12) 2002GC00320.

그림 4-17 a: E. Klein, C. Langmuir, A. Zindler, H. Staudigel, B. Hamelin. 1988. Isotope evidence of a mantle convection boundary at the Australian-Antarctic Discordance, Nature 333:623-629.
b: D. Christie, B. West, D. Pyle, B. Hannan. 1998. Chaotic topography, mantle flow and mantle migration in the Australian-Antarctic Discordance, Nature 394:637-644.

그림 4-18 S. Park, C. Langmuir, K. Sims, J. Blichert-Toft, S. Kim, S. Scott, J. Lin, H. Choi, Y. Yang, P. Michael. 2019. An isotopically distinct Zelandia-Antarctic mantle domain in the Southern Ocean, Nature Geoscience 12:206-214.

그림 4-19 극지연구소 중앙해령 연구팀.

그림으로 보는 극지과학 15

극지과학자가 들려주는 판구조론 이야기

지 은 이 | 박숭현

1판 1쇄 인쇄 | 2021년 12월 27일
1판 1쇄 발행 | 2021년 12월 30일

펴 낸 곳 | ㈜지식노마드
펴 낸 이 | 김중현
디 자 인 | 제이알컴

등록번호 | 제313-2007-000148호
등록일자 | 2007.7.10
주   소 | 서울시 마포구 양화로 133, 1702호(서교동, 서교타워)
전   화 | 02-323-1410
팩   스 | 02-6499-1411

이 메 일 | knomad@knomad.co.kr
홈페이지 | http://www.knomad.co.kr

가   격 | 12,000원

ISBN 979-11-87481-99-7   04450
ISBN 978-89-93322-65-1   04450(세트)

※ 이 책은 극지연구소 '2021년도 연구·정책지원사업(PE21340)'의 지원을 받아 발간되었습니다.